Elhadji-Barra Ndiaye

Contrôle et Évaluation Non Destructifs par ultrasons des composites

Elhadji-Barra Ndiaye

Contrôle et Évaluation Non Destructifs par ultrasons des composites

Contrôle de l'adhésion et Évaluation du vieillissement thermique de sandwichs composites. Simulations & Expériences

Presses Académiques Francophones

Impressum / Mentions légales

Bibliografische Information der Deutschen Nationalbibliothek: Die Deutsche Nationalbibliothek verzeichnet diese Publikation in der Deutschen Nationalbibliografie; detaillierte bibliografische Daten sind im Internet über http://dnb.d-nb.de abrufbar.

Alle in diesem Buch genannten Marken und Produktnamen unterliegen warenzeichen-, marken- oder patentrechtlichem Schutz bzw. sind Warenzeichen oder eingetragene Warenzeichen der jeweiligen Inhaber. Die Wiedergabe von Marken, Produktnamen, Gebrauchsnamen, Handelsnamen, Warenbezeichnungen u.s.w. in diesem Werk berechtigt auch ohne besondere Kennzeichnung nicht zu der Annahme, dass solche Namen im Sinne der Warenzeichen- und Markenschutzgesetzgebung als frei zu betrachten wären und daher von jedermann benutzt werden dürften.

Information bibliographique publiée par la Deutsche Nationalbibliothek: La Deutsche Nationalbibliothek inscrit cette publication à la Deutsche Nationalbibliografie; des données bibliographiques détaillées sont disponibles sur internet à l'adresse http://dnb.d-nb.de.

Toutes marques et noms de produits mentionnés dans ce livre demeurent sous la protection des marques, des marques déposées et des brevets, et sont des marques ou des marques déposées de leurs détenteurs respectifs. L'utilisation des marques, noms de produits, noms communs, noms commerciaux, descriptions de produits, etc, même sans qu'ils soient mentionnés de façon particulière dans ce livre ne signifie en aucune façon que ces noms peuvent être utilisés sans restriction à l'égard de la législation pour la protection des marques et des marques déposées et pourraient donc être utilisés par quiconque.

Coverbild / Photo de couverture: www.ingimage.com

Verlag / Editeur:
Presses Académiques Francophones
ist ein Imprint der / est une marque déposée de
OmniScriptum GmbH & Co. KG
Heinrich-Böcking-Str. 6-8, 66121 Saarbrücken, Deutschland / Allemagne
Email: info@presses-academiques.com

Herstellung: siehe letzte Seite /
Impression: voir la dernière page
ISBN: 978-3-8416-3146-6

Zugl. / Agréé par: Le Havre, Université du Havre, 2014

Copyright / Droit d'auteur © 2015 OmniScriptum GmbH & Co. KG
Alle Rechte vorbehalten. / Tous droits réservés. Saarbrücken 2015

REMERCIEMENTS

Ce livre récapitule mes recherches effectuées au Laboratoire Ondes et Milieux Complexes (L.O.M.C. – UMR 6294 CNRS – Université du Havre) dans le groupe Ondes Acoustiques (OA) dirigé par Monsieur Pascal PAREIGE. Je tiens à le remercier pour l'intérêt qu'il a accordé à ce travail ainsi que pour les moyens qu'il a mis à ma disposition durant ces années. Les fonctions et scripts Matlab® sont disponibles, sous réserve, en envoyant un e-mail à l'adresse elzobarz@gmail.com avec l'intitulé « Codes END/CND des composites ».

Je remercie également Messieurs Emmanuel LE CLÉZIO, Professeur à l'Université de Montpellier II et Emmanuel MOULIN, Professeur à l'Université de Valenciennes, d'avoir accepté d'être rapporteurs de ma thèse.

Mes remerciements vont également à l'endroit de Messieurs Joseph MOYSAN, Professeur à l'Université d'Aix-Marseille, et André BAILLARD, Docteur chez Aircelle (groupe SAFRAN) qui ont accepté de juger ce travail.

Je tiens à exprimer toute ma reconnaissance à Monsieur Hugues DUFLO, Professeur et chef du département Informatique de l'IUT du Havre. Il m'a tout d'abord accueilli en tant que stagiaire au laboratoire avant de me confier ce sujet de thèse, d'une importance industrielle cruciale, qu'il a su diriger avec beaucoup de méthodes et d'attention. Je remercie également Monsieur Pierre MARÉCHAL pour son encadrement exemplaire, sa disponibilité et ses précieux conseils.

Ma reconnaissance s'adresse à l'ensemble des membres du groupe Ondes Acoustiques avec qui j'ai partagé des moments enrichissants. J'ai beaucoup apprécié vos encouragements et conseils prodigués, quand cela était nécessaire.

Je remercie enfin ma famille, mes amis et mes anciens collègues doctorants avec qui j'ai partagé mon quotidien, je vous souhaite une bonne continuation.

Soyez tous assurés de toute ma reconnaissance et de ma gratitude.

TABLE DES MATIÈRES

INTRODUCTION GÉNÉRALE 1

CHAPITRE 1   MATÉRIAUX COMPOSITES ET STRUCTURES SANDWICHS : MISE EN ŒUVRE ET SUIVI DE LEUR SANTÉ AU COURS DU CYCLE DE VIE. 3

    1.1   Introduction 3

    1.2   Procédés de mise en forme et vieillissement 3

        1.2.1   Renfort 3

        1.2.2   Matrice 5

        1.2.3   Mise en forme 5

        1.2.4   Défauts d'adhésion vieillissement isotherme 8

    1.3   Contrôle santé de structures en matériaux composites 10

        1.3.1   Thermographie infrarouge 11

        1.3.2   Détection par shearographie 12

        1.3.3   Tomographie aux rayons X 12

        1.3.4   Émission acoustique 13

        1.3.5   Méthodes ultrasonores 14

    1.4   Conclusion 15

    1.5   Références 15

CHAPITRE 2   PROPAGATION D'ONDES GUIDÉES DE TYPE LAMB DANS DES STRUCTURES ÉLASTIQUES ANISOTROPES. APPROCHE PAR LA SIMULATION NUMÉRIQUE PAR ÉLÉMENTS FINIS (MEF). 19

    2.1   Introduction 19

    2.2   Partie 1 : Génération et propagation d'ondes de Lamb dans des structures composites 20

        2.2.1   Présentation et description des ondes de Lamb 20

        2.2.2   Propagation dans des matériaux anisotropes 21

        2.2.3   Cas des matériaux monocliniques 24

        2.2.4   Cas des matériaux orthotropes 25

        2.2.5   Résolution numérique : établissement des courbes de dispersion 27

    2.3   Partie 2 : Simulation par éléments finis 29

        2.3.1   Propagation d'ondes de Lamb dans une plaque monolithique 30

        2.3.2   Interaction du mode fondamental A_0 avec des défauts d'adhésion 31

    2.4   Conclusion 39

    2.5   Références 40

Table des matières

CHAPITRE 3 ÉTUDE EXPÉRIMENTALE DE LA PROPAGATION D'ONDES DE LAMB DANS LES STRUCTURES COMPOSITES ET SANDWICHS : ÉMISSION CONTACT ET DÉTECTION PAR INTERFÉROMÉTRIE LASER DANS L'AIR. ... 42

3.1 Introduction ... 42

3.2 Dispositif expérimental ... 43

3.3 Propagation d'ondes de Lamb dans une « peau » composite ... 44

3.4 Propagation et détection pour le contrôle de l'adhésion de structures sandwichs ... 46

    3.4.1 Propagation sur une plaque sandwich sans défaut ... 46

    3.4.2 Propagation sur des plaques sandwichs avec défauts ... 51

3.5 Propagation d'ondes de Lamb dans des matériaux composites vieillis ... 56

    3.5.1 Caractérisation du vieillissement de plaques monolithiques ... 56

    3.5.2 Propagation du mode A_0 sur sandwichs vieillis ... 60

3.6 Conclusion ... 62

3.7 Références ... 62

CHAPITRE 4 ONDES DE VOLUME POUR LA CARACTÉRISATION DE L'ADHÉSION DE STRUCTURES SANDWICHS. UTILISATION DES TRANSDUCTEURS MULTIÉLÉMENTS POUR LA MISE EN ÉVIDENCE. ... 64

4.1 Introduction ... 64

4.2 Décomposition en séries de Debye ... 65

    4.2.1 Réflexion et transmission d'ondes dans une structure multicouche en incidence normale ... 65

    4.2.2 Simulation de la réponse électroacoustique ... 66

4.3 Détection par transducteur multiéléments (ME) ... 68

    4.3.1 Principes physiques ... 68

    4.3.2 Mesures expérimentales avec le transducteur ME ... 72

4.4 Imagerie et détection de défaut d'adhésion ... 81

    4.4.1 Comparaison DSM et mesures ... 81

    4.4.2 Détection de délaminage (plaque G02) par transducteur ME ... 82

    4.4.3 Détection des autres défauts à l'interface composite/nid d'abeille ... 84

4.5 Conclusion ... 86

4.6 Références ... 87

CHAPITRE 5 ÉVALUATION DU VIEILLISSEMENT THERMIQUE DE MATÉRIAUX COMPOSITES PAR MESURE D'IMPÉDANCE ÉLECTROMÉCANIQUE D'UN TRANSDUCTEUR EN CONTACT. ... 89

5.1 Introduction ... 89

5.2 Propagation d'ondes dans une ligne de transmission ... 90

5.3 Modélisation de l'impédance électromécanique ... 91

    5.3.1 Transducteur ... 91

	5.3.2	Transducteur couplé à différents milieux	93
5.4		Dispositif expérimental de mesures	94
	5.4.1	Mesure de l'impédance électromécanique du transducteur *Sonaxis*®	94
	5.4.2	Identification des paramètres A_{11}, A_{12} et A_{22}	97
	5.4.3	Calcul inverse – identification des paramètres acoustiques des plaques vieillies	101
5.5		Critères d'évaluation du vieillissement	104
	5.5.1	Plaques monolithiques	104
	5.5.2	Plaques sandwichs	108
5.6		Conclusion	113
5.7		Références	114

CONCLUSION GÉNÉRALE ... 116

ANNEXES ... 118

ANNEXE A   FRÉQUENCES DE COUPURE ET NOTATION DES MODES DE LAMB POUR UN COMPOSITE ORTHOTROPE. ... 119

A.1   Rappel sur l'équation de Christoffel ... 119

A.2   Notation des modes ... 119

A.3   Références ... 121

ANNEXE B   MODÉLISATION DE LA PROPAGATION D'UNE ONDE DE LAMB HARMONIQUE À L'AIDE DU LOSANGE DE FOURIER ... 122

B.1   Losange de Fourier ... 122

B.2   Représentation spatio-fréquentielle ... 124

B.3   Représentation nombre d'onde temps ... 124

B.4   Représentation tout fréquence ... 125

B.5   Résumé ... 127

B.6   Références ... 127

ANNEXE C   IMPÉDANCE EM DES PLAQUES MONOLITHIQUES F ... 128

C.1   Détermination des valeurs des critères ... 128

C.2   Gabarit, pourcentage de points expérimentaux (PPE) ... 130

ANNEXE D   IMPÉDANCES EM DES PLAQUES SANDWICHS HS ... 133

D.1   Détermination des valeurs des critères ... 133

D.2   Gabarit, pourcentage de points expérimentaux (PPE) ... 135

	D.2.1	Mesures au point A	135
	D.2.2	Mesures au point B	137
	D.2.3	Mesures au point C	139

Introduction générale

Mes travaux s'inscrivent dans le contexte du contrôle de l'adhésion et du suivi de l'évolution du vieillissement des structures aéronautiques en matériaux composites. En effet, dans un avion la masse devient un critère primordial et le remplacement des pièces complexes constituées d'éléments rivetés contribue à sa réduction. Les matériaux composites ont répondu en partie à cette problématique, car en choisissant de façon judicieuse l'orientation des fibres dans la matrice, on peut obtenir des caractéristiques mécaniques spécifiques très supérieures à celles des matériaux classiques et s'affranchir des problèmes de corrosion. Dans l'hypothèse de fabriquer un avion « tout composite » (par exemple), il reste néanmoins nécessaire d'adjoindre aux éléments de fuselage des structures renforcées par des nids d'abeille métalliques et de privilégier le collage. Les composites ne sont plus seulement utilisés pour réaliser les éléments les moins critiques, comme les coffres à bagages ou les cloisons, mais rentrent aujourd'hui dans la constitution d'éléments structuraux tels que les nacelles des réacteurs ou les pales des aéronefs entre autres.

Le contrôle de l'état de santé de ces structures devient alors une priorité compte tenu des hautes performances requises pour faire face aux sévères impacts dus à l'environnement au cours des vols. La fabrication des matériaux composites n'est pas non plus sans inconvénients, le plus important étant l'absence de preuve visuelle de défauts. Les composites répondent différemment à l'impact, par rapport aux autres matériaux de construction, et il n'y a souvent pas de signe évident de dommages comme l'illustrerait un impact sur un fuselage en aluminium faisant apparaitre des bosses. Dans une structure composite, un impact de faible énergie peut ne laisser aucun signe visible de l'impact sur la surface. Juste sous l'impact il peut y avoir de vastes décollements ou l'étalement d'un délaminage. Les dommages à l'arrière de la structure peuvent être importants, mais restent cachés. Pour les structures à base de matériaux sandwichs, un impact se traduit souvent par des décollements entre le nid d'abeille et la peau, facilitant l'infiltration d'eau et conduisant à d'autres problèmes ultérieurement. Par ailleurs, l'exposition prolongée de la résine à des températures supérieures à sa température de transition vitreuse (Tg) provoque une fusion de cette dernière, entrainant des risques d'endommagement liés à la chaleur. Pour pallier cette problématique, les concepteurs utilisent très souvent comme première barrière de la peinture. Cette couche ayant un double intérêt : une première barrière mais également un premier détecteur de « coup de chaleur » lorsque celle-ci est décolorée. Le vieillissement des composites évolue au cours du temps et se regroupe sous plusieurs aspects tels que la fatigue, l'exposition à des températures extrêmes, les réactions chimiques avec le milieu environnant, etc.

Afin de suivre la santé matière des composites destinés à l'aéronautique, il est préférable d'obtenir le diagnostic d'un inspecteur familiarisé avec des matériaux composites pour établir un bilan de santé de la structure. La réalisation de cet examen permet alors de localiser et si possible de dimensionner ces défauts sous-jacents. C'est ainsi qu'on parle d'examens non destructifs de l'état de santé en distinguant les deux approches suivantes : l'évaluation non destructive (END) et le contrôle non destructif (CND). Plusieurs techniques d'END/CND existent dans l'industrie des composites et cette thèse porte sur l'END/CND par ultrasons pour caractériser l'adhésion et en vue d'évaluer le vieillissement à travers différents protocoles expérimentaux et numériques. Pour mener ce travail de thèse, le manuscrit proposé est composé de cinq chapitres dont la répartition est décrite dans ce qui suit.

Le chapitre 1 illustre dans un premier temps les procédés de mise en forme des matériaux composites monolithiques et plaques sandwichs avec nid d'abeille en aluminium et un développement non exhaustif de techniques d'END/CND des matériaux composites. Les différents constituants d'un matériau composite sont définis. Les différents stades de la fabrication ainsi que les outillages nécessaires pour la mise en forme sont présentés. Les différents échantillons monolithiques et sandwichs que nous testerons expérimentalement sont exposés.

Dans le second chapitre du manuscrit, nous montrons l'intérêt de l'utilisation des ondes de Lamb pour caractériser les composites. Un rappel important de la théorie de ces ondes est effectué avant d'établir les équations de propagation. La résolution numérique de ces équations permet de tracer les courbes de dispersion afin d'identifier les différents modes et d'en faire une étude numérique par la méthode des éléments finis (MEF). Les modèles numériques réalisés servent de prédictions aux comportements des ondes de Lamb vis-à-vis de défauts réels pouvant être rencontrés en milieu industriel.

Le chapitre 3 est en fait le prolongement expérimental du précédent où la propagation d'ondes de Lamb dans des structures avec défauts d'adhésion est réalisée expérimentalement. Nous génèrerons les modes de Lamb par la méthode du coin solide et détecterons leur propagation et les éventuelles conversions ou réflexions par interférométrie laser. L'évolution des caractéristiques des ondes de Lamb est illustrée à partir d'échantillons (plaques monolithiques) ayant subi un vieillissement thermique allant jusqu'à 11000 heures à 180°C.

Le chapitre 4 traite les ondes de volume pour la caractérisation de l'adhésion des échantillons sandwichs avec défauts de collage. Nous simulerons dans un premier temps la réponse électroacoustique d'une structure multicouche constituée d'un sabot en *Rexolite*®, d'une peau composite parfaitement adhérée à un nid d'abeille en aluminium par une couche de colle époxyde en utilisant la méthode de décomposition par les séries de Debye. Nous montrerons l'efficacité de ces ondes pour le CND avec l'utilisation d'un transducteur multiéléments. La loi de retard, la directivité ainsi que la résolution du transducteur ont été préalablement calculées puis choisies afin de caractériser les différents matériaux (*Rexolite*®, composite, colle et nid d'abeille). Des signaux de types A, B ou C-scans seront présentés pour caractériser ou localiser un délaminage dans une peau composite et pour réaliser des cartographies de défauts.

Le chapitre 5 traite l'évaluation du vieillissement par la méthode de la mesure d'impédance électromécanique d'un transducteur en contact avec une plaque monolithique ou sandwich. Une modélisation de la mesure basée sur la représentation de Mason de la propagation d'ondes élastiques dans un matériau piézo-électrique est faite au préalable. Le dispositif de mesure est ensuite présenté et l'utilisation de matériaux connus permet d'identifier les paramètres du transducteur utilisé. Connaissant le transducteur maintenant, les courbes d'impédance mesurées sont utilisées pour réaliser le calcul inverse des paramètres pour les plaques monolithiques. En ce qui concerne les sandwichs des critères d'évaluation basés sur la définition de gabarit sont utilisés pour estimer le vieillissement. Cette technique est mise au point dans le cadre de la faisabilité de mesure rapides sous ailes.

Chapitre 1 Matériaux composites et structures sandwichs : mise en œuvre et suivi de leur santé au cours du cycle de vie.

1.1 Introduction

Un matériau composite est par définition constitué de tout alliage ou matière première comportant un renfort sous forme filamentaire. Le terme générique de « composite » évoque alors un matériau différent des matériaux macroscopiques homogènes habituels. Il nécessite l'association intime d'au moins deux éléments : le renfort et la matrice qui doivent être compatibles c'est-à-dire en cohésion pour se solidariser et former en même temps le matériau et le produit. De ce fait, on ne peut estimer les caractéristiques mécaniques des composites qu'après fabrication contrairement aux matériaux classiques tels que l'aluminium, le carbone, les matières plastiques, etc.

Suivant leurs différents constituants et les différents procédés de mise en œuvre, on peut conférer aux composites des propriétés physiques et mécaniques remarquables (rigidité, résistance à haute température, résistance à la corrosion,...) mais aussi de la légèreté. C'est ainsi que l'on retrouve ces types de matériaux dans beaucoup de domaines comme le génie civil, le ferroviaire, la construction navale et surtout l'aéronautique.

Les échantillons composites (plaques monolithiques et sandwichs) qui font l'objet de cette thèse proviennent du secteur de l'aéronautique. Ils ont été conçus et réalisés par la société Aircelle Le Havre du groupe SAFRAN dans le cadre d'une collaboration industrielle. Dans ce chapitre, nous montrons dans un premier temps la méthode de mise en forme des matériaux composites monolithiques avec l'utilisation de préimprégnés et dans un second temps celle des structures sandwichs à âme en nid d'abeille en aluminium.

Un rapide survol de quelques techniques d'investigation non destructives de ces matériaux est effectué. Ces différentes techniques ont pour but de caractériser ces matériaux (mesure de leurs épaisseurs ou détection de défauts de surface ou en interne) ou en évaluant leurs caractéristiques mécaniques au cours de leur mise en service.

1.2 Procédés de mise en forme et vieillissement

1.2.1 Renfort

Le rôle du renfort rentrant dans la fabrication du matériau composite est d'améliorer sa résistance mécanique ainsi que sa rigidité. Il se présente sous forme filamentaire allant de la particule sous forme allongée à la fibre continue qui donne au matériau un effet directif. Deux paramètres caractérisent le renfort, il s'agit de sa nature et de son architecture. Les principaux types de renforts rencontrés dans l'industrie des composites sont illustrés à la ci-dessous (Figure 1.1).

On distingue deux grandes familles de renforts : les renforts organiques et les renforts inorganiques. Parmi les renforts organiques, on note les polyesters ainsi que les aramides dont le plus utilisé est le kevlar notamment pour ses applications aéronautiques mais aussi militaires. La plupart des renforts couramment rencontrés sont d'origines minérale (verre et carbone par exemple) et végétale (lin, bois, coton,...).

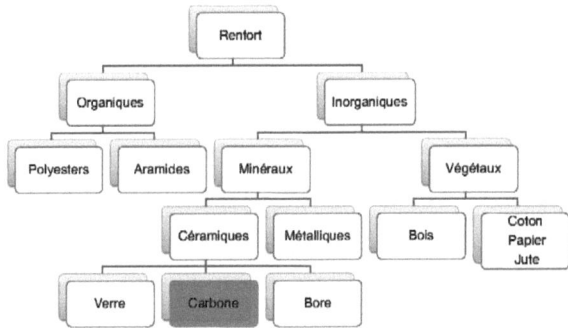

Figure 1.1: Principaux matériaux de renfort rencontrés dans l'industrie des composites.

Les fibres de verre sont obtenues à partir de silice et d'additifs. Suivant les applications auxquelles elles sont destinées, elles sont réparties en trois qualités suivant les désignations E (pour les composites de grande diffusion GD), D (pour des applications dans la construction électrique) et R (pour les composites hautes performances HP). De par le compromis performance/coût qu'elles présentent, les fibres de verre constituent le principal renfort utilisé dans les matériaux composites et plus particulièrement dans les produits GD. Elles ont pour avantage de présenter une bonne adhérence entre fibres et résine, de bonnes propriétés mécaniques bien qu'inférieures à celles du carbone, mais aussi d'excellentes propriétés d'isolation électrique.

Les fibres de carbone sont utilisées pour les composites HP surtout en aéronautique notamment pour leurs excellentes propriétés mécaniques. La production de fibres de carbone repose sur la maitrise de la production de fibres acryliques, qui sont leurs précurseurs traditionnels. En effet, la carbonisation de la fibre de polyacrylonitrile (PAN) sous atmosphère neutre en azote dans des fours à pyrolyse permet de ne conserver que la chaîne carbonée. D'autres moyens de production de fibres de carbone existent notamment par distillation du pétrole entre autres. Malgré leurs bonnes performances, les fibres de carbone souffrent de handicaps techniques qui limitent également leur utilisation pour certaines applications dans les composites. À titre d'exemple, un allongement à la rupture insuffisant (inférieur à 2%) comparé à celui des fibres de verre et de (3 à 4%) par rapport à l'aramide selon Maurice Reyne [1, 2].

L'orientation et l'agencement des fibres du renfort est crucial pour l'optimisation des propriétés mécaniques à fabriquer. La disposition des fibres se fait donc dans le sens des efforts calculés par des lois de la résistance des matériaux ; c'est ainsi que l'on parle de renforts unidimensionnel, tissé (satin et sergé) ou de renforts disposés aléatoirement (mats).

1.2.2 Matrice

Généralement la matrice est sous la forme d'une matière plastique (résine thermodurcissable TD ou thermoplastique TP en grande partie). Son rôle principal est d'assurer la cohésion de la structure et de transmettre les différentes sollicitations mécaniques au renfort. En outre, elle assure aussi la protection du renfort vis à vis des diverses conditions environnementales. Parmi les grandes familles de résines utilisées lors de la mise en forme des matériaux composites à matrice organique, on peut citer :

- Les résines thermodurcissables TD : ce sont des polymères transformés en un produit essentiellement infusible et insoluble après traitement thermique (chaleur, radiation) ou physicochimique (catalyse, durcisseur). Un exemple de résine TD très utilisée pour la fabrication des composites est l'époxyde (ou époxy). C'est cette résine époxy qui est utilisée pour la fabrication des plaques monolithiques vieillies (« plaques » F) et des plaques des sandwichs avec défauts de collage (« plaques G »).

- Les résines thermoplastiques TP : ce sont des polymères pouvant être alternativement ramollis par chauffage et durcis par refroidissement dans un intervalle de température spécifique du polymère étudié. Ces types de résines présentent l'aptitude à l'état ramolli, de se mouler aisément par plasticité.

- Les résines thermostables : ce sont des polymères présentant des caractéristiques mécaniques stables sous des pressions et des températures élevées (> 200°C) appliquées de façon continue. Cette propriété est mesurée en déterminant la température que peut supporter la résine durant 2000 heures sans perdre la moitié de ses caractéristiques mécaniques. Un exemple de résine thermostable est le polybismaléimide (BMI), utilisé comme matrice pour la fabrication des peaux des matériaux sandwichs vieillis (« plaques HS », voir Tableau 3.3 du chapitre 3).

Dans la suite du manuscrit, on ne mettra en évidence que les résines utilisées lors de la conception de nos échantillons à caractériser. Les caractéristiques des résines ainsi que les différentes plaques et sandwichs sont plus détaillées dans le chapitre 3.

Dans l'industrie de la mise en forme des composites, on définit le terme d'interface qui constitue la zone entre le renfort et la matrice, sans que ce soit nécessairement un constituant à part entière du matériau composite. Elle joue un rôle prépondérant sur la tenue globale du composite et assure le transfert des contraintes entre la matrice et la fibre. On peut définir l'interface comme étant le lieu d'initiation des défauts dans les composites et une détérioration à ce niveau engendre une dégradation des propriétés mécaniques. C'est pourquoi il est important de veiller sur la cohésion matrice-fibre afin d'atteindre les caractéristiques recherchées. Les fibres destinées à la fabrication des composites reçoivent un apprêt spécifique comportant un agent collant qui permet de coller les filaments pour en faire des fils et assure, en outre, une fonction de lubrification pour une meilleure protection contre l'abrasion due au frottement entre fibres.

1.2.3 Mise en forme

Selon l'utilisation et les propriétés du composite à élaborer, on distingue les composites de GD et ceux de HP. Les procédés de transformation des composites permettent d'avoir des semi-produits élaborés séparément ou de réaliser simultanément matériau et produit. Ils peuvent être regroupés en deux familles :

- La méthode humide consiste à imprégner les renforts au moyen de la résine liquide (TD) au cours de la fabrication du produit. De ce fait, produit et matériau composite sont réalisés simultanément. Le préimprégné est pré-catalysé avant utilisation, il doit être conservé en chambre froide (= –5°C).

- La méthode sèche permet de mettre en forme des renforts préimprégnés avec une matrice TD ou TP et l'on dispose alors d'un semi-produit prêt à l'emploi. La difficulté réside dans l'accrochage de la matrice sur le renfort, en particulier lorsque celui-ci est sous forme de fibre longue ou de tissu. Le produit final ainsi obtenu s'est réalisé en deux étapes (fabrication et stockage du semi-produit puis mise en forme par polymérisation).

Cependant, les procédés de mise en œuvre des composites sont plus nombreux que les méthodes de transformation des autres familles de matériaux. Dès lors leur industrialisation récente engendre de nombreuses difficultés quant à la prédictibilité des résultats. On distingue ainsi parmi les différents procédés de mise en œuvre : les procédés manuels de transformation (projection de fibres courtes et de résine), les procédés de transformation par moulage (Resin Transfert Molding RTM par exemple), les procédés de transformation en continu comme la pultrusion et les procédés de fabrication de forme de révolution.

Les plaques monolithiques mises à notre disposition ont été toutes fabriquées par le procédé de cuisson en autoclave avec une séquence d'empilement des plis bien définie par rapport au plan médian comme l'indique la Figure 1.2 sous une bâche à vide.

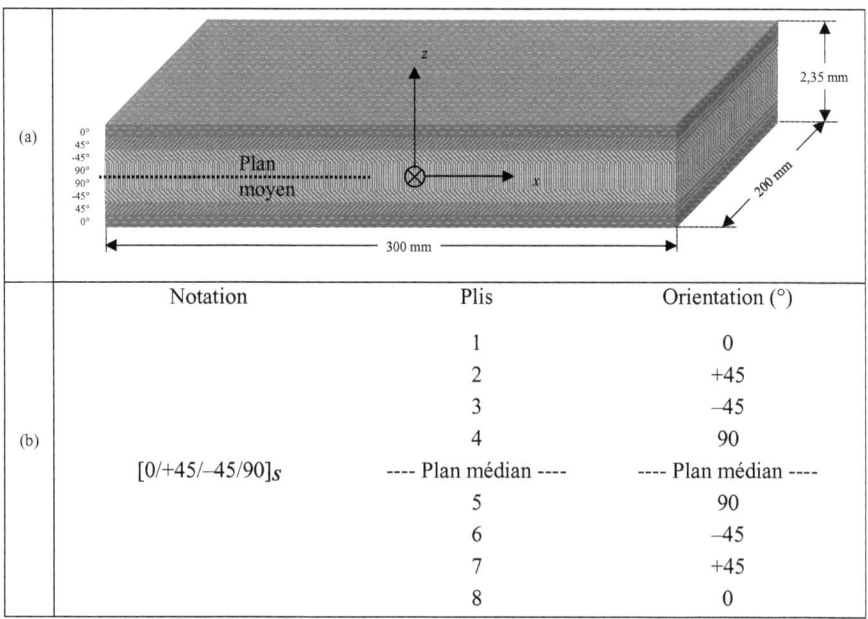

Figure 1.2: Géométrie des plaques monolithiques une fois mise en forme. Dimensions moyennes des plaques (a) et disposition des huit plis de carbone suivant la séquence d'empilement définie (b).

Ces plaques monolithiques sont constituées de huit plis disposés selon la séquence [0/+45/–45/90]$_S$ où l'indice S désigne « la symétrie miroir » qui assure une meilleure répartition des contraintes lors de la mise en forme et permet une meilleure tenue aux sollicitations mécaniques du matériau en service. Par contre, les peaux des sandwichs avec défauts d'adhésion sont constituées de préimprégnés, quatre plis de carbone et d'un pli de verre ; elles ont une épaisseur moyenne d'environ 1,6 mm. Les préimprégnés des peaux des sandwichs vieillis sont quant à elles constituées de quatre plis de carbone et d'un pli de verre aussi, mais avec une résine différente, le BMI. Plus de détails sur ces matériaux sandwichs vieillis présentent notamment un *telegraphing* (face rugueuse, polymérisée à 2,5 bars) et un *foisonnement* (face plane, polymérisée à 7 bars) sont donnés au chapitre 3.

Dans les deux cas de figure (sandwichs défectueux ou vieillis), la mise en forme des matériaux des sandwichs repose sur le principe de collage entre les peaux (supérieure et inférieure) et l'âme en nid d'abeille. L'ensemble est placé dans une enceinte (autoclave) et polymérisé à des pressions allant de 2 à 7 bars.

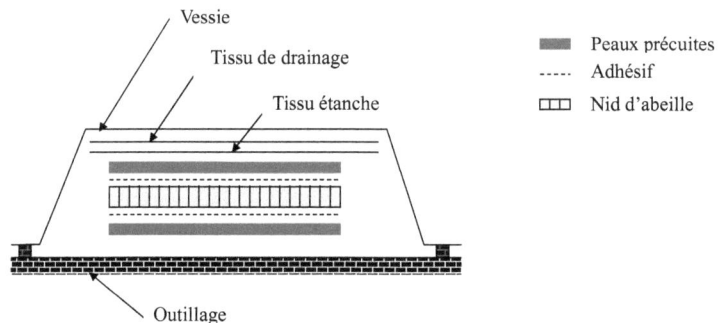

Figure 1.3: Schéma de la mise en forme en autoclave d'un matériau sandwich constitué de peaux monolithiques, d'adhésif et d'un nid d'abeille en aluminium.

Lors de la mise en forme en autoclave, en plus de l'outillage rigide, des tissus spécifiques sont utilisés. Des tissus de drainage, des tissus *Teflon*® poreux et non poreux sont souvent placés dans l'enceinte de l'autoclave soit pour un bon étalement de la résine ou pour absorber le surplus de résine au cours de la polymérisation. Le tissu de drainage joue un rôle important dans la mesure où il sert à protéger la vessie du contact avec la résine à haute température. Il est à noter aussi que la mise en forme du sandwich nécessite deux cycles de polymérisation. Le premier cycle est réalisé en autoclave et la polymérisation est effectuée sous une pression de plusieurs bars. À la suite de cette étape, les peaux sont démoulées. Le tissu à délaminer placé sur le stratifié reste solidaire. Il n'est enlevé qu'au moment du collage. Il permet d'obtenir une surface du stratifié rugueuse et propre. Le second cycle a lieu après application des couches de colle au niveau des peaux entre lesquelles est placé le nid d'abeille. À la fin de la mise en forme, les différents tissus utilisés sont séparés du matériau qui est à nouveau placé dans une étuve pour subir une post-cuisson. Cette opération permet de relâcher les contraintes résiduelles, ce qui confère au matériau une excellente tenue à la chaleur et des caractéristiques mécaniques optimales.

L'assemblage des sandwichs requiert toute l'attention des opérateurs de mise en forme dans les industries de l'aéronautique notamment. Souvent, des défauts d'adhésion pouvant initier la dégradation du matériau au cours du cycle de vie sont rencontrés une fois les matériaux fabriqués.

1.2.4 Défauts d'adhésion vieillissement isotherme

Parmi les principaux types de défauts pouvant être rencontrés au sein des matériaux composites et plus particulièrement les sandwichs qui nécessitent un collage entre les peaux et le nid d'abeille, on peut citer à titre d'exemple, des films séparateurs d'adhésif ou de préimprégné, un film *Teflon*®, un adhésif poinçonné, etc. Les différents éléments rentrent dans la composition des semiproduits et souvent un oubli d'arrachage de ces éléments de la part des opérateurs lors de la mise en forme peut initier la dégradation au niveau des interfaces. D'autres type de défaut peuvent aussi apparaitre dans les composites, il peut s'agir de porosités (petites bulles de gaz ou d'eau non évacuées lors de la cuisson), de délaminages qui sont en fait des poches d'air localisées entre deux plis successifs. Les délaminages sont souvent la conséquence d'un mauvais drainage de gaz ou d'un mauvais cycle de température ou de pression lors de la mise en forme. Ces défauts sont souvent localisés au niveau des zones d'interpli, mais ils peuvent apparaitre dans les plis lors d'un mauvais conditionnement au cours des cycles de polymérisation.

Dans cette thèse, les pièces avec défauts de collage mises à notre disposition appartiennent au lot G (voir Tableau 3.1 du chapitre 3). Les différents défauts placés à des positions différentes au niveau de l'interface ou dans les zones interplis sont soit un film *Teflon*®, soit un adhésif poinçonné ou un séparateur d'adhésif. Au chapitre 3 du manuscrit, une description plus complète de ces échantillons avec défauts de collage est faite (voir Tableau 3.1).

Une des problématiques rencontrées dans l'industrie des matériaux composites est la compréhension et l'évaluation du vieillissement. On appelle vieillissement toute évolution lente d'une ou de plusieurs propriétés du matériau considéré. Cette évolution peut résulter de modifications de la structure des macromolécules qui assurent sa cohésion mécanique, de sa composition ou de sa morphologie. En effet, le vieillissement qui peut être initié pendant le stockage des rouleaux de pré-imprégné en chambre froide (= –18°C) pose problème dans la mesure où il se traduit par une dégradation de ses propriétés fonctionnelles et/ou spécifiques.

Afin de comprendre le phénomène de vieillissement, la nature du matériau (décrite dans sa fiche d'identité: nature du pré-imprégné, résine, adjuvants, charges et d'agents de couplage ainsi que la méthode de mise en œuvre) et les données relatives à son environnement (contraintes externes) sont soigneusement étudiés. On distingue souvent trois sous-ensembles de paramètres relatifs à l'environnement :

- le milieu : nature du milieu, nature et concentration des espèces chimiques, spectre et intensités des rayonnement...

- l'utilisation : contraintes mécaniques, dynamique de sollicitation, autres matériaux en contact, durée d'exposition...

- la température : contraintes thermiques, localisation, contacts, gradients...

Cependant, la distinction de ces trois sous-ensembles n'est pas toujours très nette car l'exposition du matériau à un milieu donné peut engendrer un gonflement entrainant lui-même des contraintes mécaniques internes. Dès lors, on parle de vieillissement physique et de vieillissement chimique avec ou sans perte de masse.

Les échantillons monolithiques et sandwichs que nous traiterons ici ont subi un vieillissement thermique. Les plaques monolithiques du lot F (voir Tableau 3.2), désignation que l'on utilisera par la suite ont été vieillies dans un environnement thermo-oxydant à 180°C. Aux effets de la température s'ajoutent ceux de l'oxydation par l'air. En ce qui concerne les échantillons sandwichs, du lot HS, désignation que l'on utilisera aussi par la suite, ils ont aussi subi un vieillissement thermique. La plaque de référence a été vieillie à la température ambiante de 25° et les autres à 170 ou 200°C. Plus de détails sur les conditions de fabrication et de vieillissement de ces plaques sandwichs sont donnés au niveau du Tableau 3.3 du chapitre 3.

1.3 Contrôle santé de structures en matériaux composites

Du fait de leur coût élevé, la santé des matériaux composites nécessite un suivi depuis l'état de semi-produit (préimprégnés, résine, adjuvants,...) jusqu'à leur utilisation en tant que matériau fonctionnel. La Figure 1.4 ci-dessous illustre brièvement le type de suivi que l'on peut voir dans l'industrie des composites.

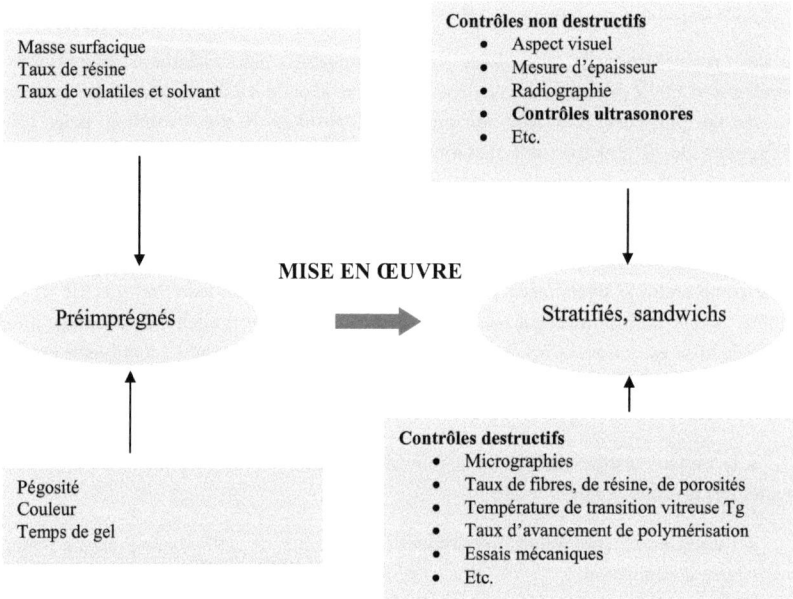

Figure 1.4 : Caractérisation de matériaux composites depuis l'état de semi-produit jusqu'à la mise en service en structure.

Dans les industries de pointe telles que l'aéronautique ou l'aérospatial, dans l'industrie du transport : le ferroviaire ou l'automobile, on assiste de plus en plus au remplacement des structures métalliques et rivetées par des structures en matériaux composites et des assemblages collés. En effet, le but recherché est d'alléger significativement les structures sans pour autant perdre en terme de performances mécaniques. En outre, l'absence de composants métalliques dans les composites permet de s'affranchir de la corrosion au cours du cycle de vie.

Cependant, les composites doivent remplir des critères sévères lors de la mise en forme mais aussi en vue de leur durabilité pendant leur mise en service. La maintenance des composites révèle parfois un manque de résistance aux impacts, une sensibilité à l'humidité ou encore aux chocs thermiques. Ces défaillances notées peuvent provoquer des fissurations de la matrice, des délaminages, des défauts d'adhésion (décollements) au niveau des joints de colle pour une structure sandwich par exemple. Dès lors, il devient indispensable de surveiller l'état de santé de ces matériaux au cours du temps (*Structural Health Monitoring : SHM* appellation couramment utilisée), ce qui sous-entend l'établissement de diagnostic à divers stades du cycle de vie sans pour autant les dégrader du fait de leur coût de fabrication très important.

C'est pour ces raisons que l'on parle d'évaluation et de contrôle non destructifs (END/CND) de l'état de santé des composites. Il faut cependant faire la distinction entre ces deux concepts :

• l'END est basée sur la détermination, l'estimation de certaines caractéristiques physiques telles que la masse volumique ρ, les constantes élastiques C_{ij}, l'impédance acoustique ou la vitesse longitudinale au sein du matériau en question.

• le CND par contre consiste à caractériser ou à tester des endroits critiques du milieu, d'en rechercher des inhomogénéités, de les localiser et de les dimensionner et enfin d'en estimer la nature (défaut ou pas), ce qui peut induire le rejet de la pièce.

Les techniques d'END/CND sont très variées et suivant la classe des matériaux (polymères, métaux, composites, ...), leurs applications peuvent être sélectives. Elles utilisent des méthodes basées sur des phénomènes physiques tels que le rayonnement infrarouge, la transmission optique, la propagation d'ondes acoustiques, en vue d'inspecter l'intégrité d'une structure. Une brève revue de quelques techniques d'END/CND appliquées aux matériaux composites est faite dans ce qui suit de façon non exhaustive.

1.3.1 Thermographie infrarouge

Les mesures de flux thermique ou de rayonnement électromagnétique par des techniques d'investigation expérimentales des sources thermiques et une caméra infrarouge permettent l'inspection des défauts sous-jacents et leurs caractéristiques, l'identification des propriétés thermo-physiques, la détection de l'épaisseur d'un revêtement ou la localisation de défauts cachés dans une pièce [3–6] à travers l'établissement de cartographies. Le flux thermique mesuré est proportionnel à la température à la surface et de l'émissivité de la pièce. L'émissivité est en effet la capacité qu'a un matériau à émettre et à absorber l'énergie radiative qu'on lui applique. On définit aussi le facteur d'émissivité ε comme étant le rapport entre l'énergie radiative ou flux émis par le matériau à caractériser sur l'énergie émise par le corps noir. On note également la diversité des moyens de chauffage qui peuvent être utilisés : chauffage par induction, par jet de fluide chaud, mais la source la plus communément utilisée est probablement le laser. Cependant, on distingue en CND par thermographie trois types :

• La thermographie pulsée : une impulsion thermique provenant de lampes flash et halogène ou le laser d'une durée allant de la microseconde à la seconde est fonction de l'épaisseur et de la conductivité de la plaque à tester. Le système thermographique de mesure peut être appliqué en réflexion ou en transmission [7, 8, 9, 10].

• La thermographie *lock-in* : utilisée pour s'affranchir des paramètres environnementaux qui pourraient influencer le contrôle. La caméra infrarouge utilisée dans ce type de contrôle est équipée d'un module *lock-in* pour une synchronisation avec le signal thermique émis. Il n'est pas nécessaire de connaitre au préalable les caractéristiques de la pièce à caractériser pour définir les fréquences du signal thermique émis. Cela constitue en effet un inconvénient car chacune de ces fréquences correspond à une et une seule profondeur d'exploration [11, 12, 13, 14].

• La vibrothermographie : technique basée sur la thermographie *lock-in* couplée aux ultrasons. La source thermique est cette fois-ci remplacée par une source ultrasonore générant des vibrations mécaniques dans le matériau. L'interaction de ces ondes ultrasonores avec un défaut provoque des mouvements microscopiques de la matière générant un échauffement local. La caméra infrarouge, munie d'un module *lock-in* détecte ensuite cet échauffement provoqué par le défaut [15, 16, 17].

Pour résumer, la thermographie infrarouge pour le CND des composites est utilisée pour détecter certains types de défauts tels que les délaminages, les décollements au niveau des interfaces collées, la présence de liquides provoquant la contamination des structures ou d'objets étrangers, de parties endommagées [18, 19, 20, 21, 22, 23, 24].

1.3.2 Détection par shearographie

La shearographie fait partie des techniques d'interférométrie de cisaillement *speckle*. Son principe consiste à illuminer le matériau à tester par une lumière cohérente (laser par exemple) et à faire interférer le front d'onde diffusé avec ce même front d'onde légèrement décalé. Le nom shearographie donné à la méthode indique le cisaillement de l'image ainsi obtenue (*shear* en anglais). Le dispositif expérimental de contrôle shearographique comprend une caméra CCD, une source de lumière (laser ou diode laser), un système optique généralement composé de deux miroirs dont l'un est mobile et l'autre fixe couplé à un élément piézoélectrique et une unité d'acquisition et de traitement des données.

L'application de la méthode consiste à acquérir des figures d'interférence pour deux états donnés de l'échantillon (au repos et sous contrainte) puis de les soustraire afin de réduire ce que l'on appelle *speckle* considéré identique dans les deux cas. Il en résulte alors une figure dite de Moiré illustrant la déformation de l'objet.

On distingue cependant différentes techniques shearographiques que sont :

• La shearographie par contrainte thermique dont la source est une lampe halogène ou une lampe flash. Cette contrainte thermique appliquée bien que très faible et provoque une petite variation de température au sein de l'échantillon, suffisante pour créer des déformations à la surface de l'ordre du micromètre [25, 26, 27].

• La shearographie par contrainte pneumatique ou par dépression est réalisée en appliquant une dépression au niveau de la surface du matériau à tester. Dans le cas d'un matériau composite contenant un délaminage, des micros ou macro-pores, la différence de pression entre l'air contenu dans ces défauts et la dépression appliquée (quelques bars) en surface crée une déformation. Cette même méthode a été utilisée pour détecter des décollements dans des structures collées [28, 29, 30].

• La shearographie par excitation vibrationnelle correspond à la propagation d'ondes guidées de type Lamb à basses fréquences (entre 0 et 100 kHz). En effet, un transducteur piézoélectrique est fixé à l'arrière de la pièce à tester. Dans le cas d'une plaque composite, si il existe, un délaminage apparait clairement au niveau de l'interférogramme lorsque la fréquence d'excitation correspond à la fréquence de résonance du défaut [31, 32]. Il est également possible d'isoler l'onde de Lamb correspondante aux vibrations produites par le défaut [33].

1.3.3 Tomographie aux rayons X

Le principe de la tomographie est basé sur l'absorption des rayons X par le matériau à caractériser. Ce dernier est en rotation et placé suivant la direction et le sens des rayons émis. Une série de radiographies X du matériau tournant est obtenue. L'ensemble de ces radiographies est post-traité et recomposé, résultant en une image tridimensionnelle. L'absorption des rayons X est régie par la loi de Beer-Lambert selon la relation :

$$I(x) = I_0 e^{-\mu x} \tag{1.1}$$

où I_0 est l'intensité des rayons X à la sortie de la source, $I(x)$ est l'intensité transmise après une distance de propagation x, μ est le coefficient d'atténuation qui dépend du matériau traversé ainsi que de la longueur d'onde du faisceau émis. Ainsi, des coupes suivant le plan perpendiculaire à l'axe du faisceau sont reconstituées. Ces différentes coupes permettent de construire une image 3D [34, 35, 36]. Des travaux récents basés sur cette technique ont permis de caractériser les plaques monolithiques suivant leur épaisseur [37, 38, 39]. De ce fait, les défauts sont localisés en trois dimensions. En particulier la difficile localisation de défauts superposés en profondeur est rendue possible. Les données acquises lors des mesures permettent de réaliser des images numériques en niveaux de gris ou en couleur avec une excellente résolution. Chaque niveau traduit en fait, point par point le coefficient d'atténuation local du faisceau incident illustrant la densité et l'état du matériau à caractériser. Si des défauts dus à des impacts, des délaminages, des ruptures de fibres ou des cassures de stries de nids d'abeille par exemple sont présents dans le matériau à caractériser, alors ils sont traduits dans l'image résultante par des différences de niveaux.

1.3.4 Émission acoustique

L'émission acoustique (EA) consiste en l'observation d'une émission d'ondes ultrasonores par un matériau soumis à une contrainte. En effet, la propagation des ondes produites est utilisée pour réaliser la caractérisation grâce à des palpeurs disposés sur le matériau pour la détection des signaux. L'EA constitue une méthode CND semblable à la sismologie qui étudie les ruptures locales de l'écorce terrestre par suite d'accumulation de contraintes finissant par dépasser la résistance du matériau. L'activité de la structure engendre donc des ondes ultrasonores dont la propagation peut être modélisée par des fonctions de Green [40]. L'acquisition de ces signaux via des capteurs de type piézoélectrique [41] permet d'effectuer des examens non destructifs tels que la surveillance de fabrication et le suivi en fonctionnement des structures. Les techniques d'analyse des signaux issus des mesures s'avèrent sensibles aux phénomènes de fuite et permettent d'étendre dans les hautes fréquences les surveillances vibratoires classiques. On distingue généralement deux types d'émission acoustique :

• L'émission discrète où chaque phénomène donne lieu à une salve discriminable du bruit de fond dans le temps ;

• L'émission continue dans laquelle la superposition des différents évènements donne naissance à un seul signal.

Les premières applications de l'EA ont été réalisées dans le génie civil pour la surveillance des ponts la réparation des structures en béton armé renforcées par des poutres composites à fibres de carbone [42, 43]. L'utilisation de l'EA comme moyen de CND des matériaux composites effective dans la mesure où l'application d'une contrainte croissante ou variable fait subir des modifications internes (fissurations, délaminages, plastification, ruptures de fibres, ...) [44, 45, 46, 47].

1.3.5 Méthodes ultrasonores

Qu'elles soient avec ou sans contact, les méthodes ultrasonores de CND sont basées sur l'émission d'une brève impulsion et la réception les échos éventuellement produits à la rencontre d'obstacles (inhomogénéités, défauts, délaminages,...). Ce sont des méthodes CND semblables aux techniques des radars ou sonars.

Avec l'utilisation accrue des composites dans l'aéronautique, notamment dans les parties à géométrie complexe des structures modernes, il devient nécessaire d'améliorer les techniques ultrasonores classiques qui s'avèrent mal adaptées [48]. L'inaccessibilité des pièces à tester pose problème dans la mesure où une seule face est accessible. Leur inspection par exemple en transmission n'est pas possible ou demande un démontage préalable ; cela peut s'avérer coûteux ou peut causer des détériorations. Lors des contrôles par ultrasons, se pose aussi le problème de couplage acoustique entre la source et le milieu de propagation. Ce couplage est assuré par un fluide ou un gel assurant la bonne transmission de l'énergie élastique entre la source et le milieu à tester [49]. L'utilisation de couplant (jet d'eau, immersion) est parfois très contraignant en CND des composites en milieu industriel, car elle peut provoquer de l'absorption d'eau surtout avec les sandwichs à âme en nid d'abeille. Dès lors, le recours à des techniques de génération (avec le laser) et de détection d'ondes ultrasonores (couplage par air ou interférométrie laser) sans contact permet de contourner ces contraintes [50, 51].

Les types d'ondes ultrasonores souvent utilisés en CND sont les ondes de volume (longitudinales ou transversales), les ondes de surface de type Rayleigh par exemple et plus largement les ondes guidées (Lamb ou SH). Les ondes de volumes sont utilisées pour réaliser des échographies, de l'interférométrie acoustique ou de la microscopie acoustique par exemple. Les ondes guidées, dont la propagation peut se faire sur de longues distances, sont de plus en plus utilisées pour caractériser et évaluer les composites. En particulier, les ondes de Lamb sont utilisées pour détecter dans les composites des défauts tels que les délaminages, les inclusions, les macropores. Elles permettent de caractériser la qualité de collages et d'évaluer le vieillissement en comparant notamment les courbes de dispersion. Quant aux ondes guidées de type SH, elles sont très sensibles aux collages de patchs pour la réparation de réservoirs en composites ou de pales d'hélicoptères. La tendance actuelle est de combiner ces différentes techniques d'END/CND où les ultrasons sont utilisés comme vecteur de l'information. C'est le cas de la shearographie par excitation vibrationnelle définie précédemment pour détecter des défauts localisés, de la génération des ultrasons par un système laser et aussi de la réception par interférométrie laser.

De façon non exhaustive, on a listé les différentes techniques de CND qui peuvent exister dans les industries des composites. D'autres techniques, telles que l'utilisation d'une fibre optique intégrée au sein du composite et couplée à un interféromètre permet la détection d'ondes guidées préalablement générées par la méthode avec un transducteur coin classique. On peut citer aussi l'utilisation des structures dites « intelligentes » (*smart structures*). Ainsi, l'intégration de capteurs au sein même du matériau ou d'implants piézoélectriques en surface permet de prédire sa dégradation au cours du cycle de vie d'où la naissance du concept contrôle de santé intégré ou *Structural Health Monitoring* (*SHM*).

1.4 Conclusion

Dans ce chapitre, la mise en forme des composites (plaques et sandwichs) est illustrée dans un premier temps avant d'effectuer un état de l'art non exhaustif des méthodes et moyens d'END/CND qui peuvent exister. Les matériaux composites, constitués d'une matrice (résine…) et d'un renfort (verre, carbone…) leur conférant d'excellentes caractéristiques mécaniques et une faible masse volumique, sont grandement utilisés en aéronautique. Le suivi de leur santé tout au long de leur cycle de vie est effectué via des essais d'END. Parmi les différentes techniques, celles basées sur les ultrasons ont fait leurs preuves.

Concernant notre étude sur l'adhésion et le vieillissement des composites mis à notre disposition, nous utiliserons les ondes de volume et les ondes de Lamb. Les ondes de Lamb font l'objet des deux chapitres à venir : après la présentation du formalisme établissant leurs équations et courbes de dispersion, nous effectuerons des simulations en utilisant les éléments finis avant de montrer expérimentalement l'efficacité de ces ondes ultrasonores en END/CND.

1.5 Références

[1]   M. Reyne, *Les composites*. Presses Universitaires de France - PUF, 1995.

[2]   M. Reyne, *Technologie des composites*. Hermes Science Publications, 1998.

[3]   O. Ley and V. Godinez, "Non-destructive evaluation (NDE) of aerospace composites : application of infrared (IR) thermography," *Non-Destructive Evaluation (NDE) of Polymer Matrix Composites*, pp. 309–334, 2013.

[4]   X. Maldague, F. Galmiche, and A. Ziadi, "Advances in pulsed phase thermography," *Infrared Physics & Technology*, vol. 43, pp. 175–181, 2002.

[5]   N. Avdelidis, B. Hawtin, and D. Almond, "Transient thermography in the assessment of defects of aircraft composites," *NDT & E International*, vol. 36, pp. 433–439, 2003.

[6]   N. Avdelidis and D. Almond, "Through skin sensing assessment of aircraft structures using pulsed thermography," *NDT & E International*, vol. 37, pp. 353–359, 2004.

[7]   I. Kaufman, P. T. Chang, H. S. Hsu, W. Y. Huang, and D. Y. Shyong, "Photothermal radiometric detection and imaging of surface cracks," *J. Nondestructive Evaluation*, vol. 3 (2), pp. 87–100, 1968.

[8]   J. Hartikainen and M. Luukkala, "Fast photothermal measurement system for nondestructive evaluation," pp. 496–499, 1989.

[9]   J. Schroëder, T. Ahmed, B. Chaudhry, and S. Shepard, "Non-destructive testing of structural composites and adhesively bonded composite joints: pulsed thermography," *Composites: Part A*, vol. 33, pp. 1511–1517, 2002.

[10] C. Maierhofer, P. Myrach, M. Reischel, H. Steinfurth, M. Rollig, and M. Kunert, "Characterizing damage in CFRP structures using flash thermography in reflection and transmission configurations," *Composites: Part B*, vol. 57, pp. 35–46, 2014.

[11] C. Gruss and D. Balageas, *Theoretical and experimental applications of the fly spot camera*, pp. 19–24. Ed. Européennes Thermique et Industrie, 1992.

[12] C. Gruss and F. L. ans D Balageas, "Nondestructive evaluation using a flying-spot camera," in *8th Int. THERMO Conference, Budapest June 2-4*, 1993.

[13] C. Gruss, *Caméra photothermique: étude théorique et réalisation pratique d'une caméra infrarouge active avec excitation laser*. Thèse de doctorat, Université de Poitiers, N° d'ordre 669, 1993.

[14] C. Meola, G. M. Carlomagno, A. Squillace, and A. Vitiello, "Non-destructive evaluation of aerospace materials with lock-in thermography," *Engineering Failure Analysis*, vol. 13, pp. 380–388, 2006.

[15] J. Renshaw, S. Holland, and D. Barnard, "Viscous material-filled synthetic defects for vibrothermography," *NDT & E International*, vol. 42, pp. 753–756, 2009.

[16] A. Saboktakin-Rizi, S. Hedayatrasa, X. Maldague, and T. Vukhanh, "Fem modeling of ultrasonic vibrothermography of a damaged plate and qualitative study of heating mechanisms," *Infrared Physics & Technology*, vol. 61, pp. 101–110, 2013.

[17] A. Mendioroz, A. Castelo, R. Celorrio, and A. Salazar, "Characterization and spatial resolution of cracks using lock-in vibrothermography," *NDT & E International*, vol. 66, pp. 8–15, 2014.

[18] Y.-W. Qin, "Infrared thermography and its application NDT of sandwich structures," *Optics and Lasers in Engineering*, vol. 25, pp. 205–211, 1996.

[19] R. J. Ball and D. P. Almond, "The detection and measurement of impact damage in thick carbon fibre reinforced laminates by transient thermography," *NDT & E International*, vol. 31 (3), pp. 165–173, 1998.

[20] D. Bates, G. Smitha, D. Lu, and J. Hewitt, "Rapid thermal non-destructive testing of aircraft components," *Composites: Part B*, vol. 31, pp. 175–185, 2000.

[21] V. Dattoma, R. Marcuccio, C. Pappalettere, and G. M. Smith, "Thermographic investigation of sandwich structure made of composite material," *NDT & E International*, vol. 34, pp. 515–520, 2001.

[22] N. Avdelidis, C. Ibarra-Castanedo, X. Maldague, Z. Marioli-Riga, and D. Almond, "A thermographic comparison study for the assessment of composite patches," *Infrared Physics & Technology*, vol. 45, pp. 291–299, 2004.

[23] N. Avdelidis, D. Almond, A. Dobbinson, B. Hawtin, C. Ibarra-Castanedo, and X. Maldague, "Aircraft composites assessment by means of transient thermal NDT," *Progress in Aerospace Sciences*, vol. 40, pp. 143–162, 2004.

[24] C. Ibarra-Castanedo, D. Gonzalez, M. Klein, M. Pilla, and S. Vallerand, "Infrared image processing and data analysis," *Infrared Physics & Technology*, vol. 46, pp. 75–83, 2004.

[25] Y. Hung, "Applications of digital shearography for testing of composite structures," *Composites Part B: Engineering*, vol. 30, pp. 765–773, 1999.

[26] Y. Huang, S. Ng, L. Liu, C. Li, Y. Chen, and Y. Hung, "NDT&E using shearography with impulsive thermal stressing and clustering phase extraction," *Optics and Lasers in Engineering*, vol. 47, pp. 774–781, 2009.

[27] G. De Angelis, M. Meo, D. Almond, S. Pickering, and S. Angioni, "A new technique to detect defect size and depth in composite structures using digital shearography and unconstrained optimization," *NDT & E International*, vol. 45, pp. 91–96, 2012.

[28] H. Shang, C. Soh, and F. Chau, "The use of carrier fringes in shearography for locating and sizing debonds in GRP plates," *Composites Engineering*, vol. 1, pp. 157–165, 1991.

[29] Y. Hung, W. Luo, L. Lin, and H. Shang, "Evaluating the soundness of bonding using shearography," *Composite Structures*, vol. 50, pp. 353–362, 2000.

[30] Z. Liu, J. Gao, H. Xie, and P. Wallace, "Determination of strain distribution by means of digital shearography," *Optics and Lasers in Engineering*, vol. 49, pp. 1462–1469, 2011.

[31] S. Toh, C. Tay, and H. Shang, "Time-average shearography in vibration analysis," *Optics and Laser Technology*, vol. 27, n°1, 1995.

[32] L. Yang, W. Steinchen, and G. Kupfer, "Vibration analysis by means of digital shearography," *Optics and Laser in Engineering*, pp. 199–212, 1998.

[33] F. Taillade, J.-C. Krapez, and F. Lepoutre, "Shearographic visualisation of Lamb waves in carbone epoxy plates interaction with delamination," *The European Journal Applied Physics*, pp. 69–73, 1999.

[34] E. Ostman and S. Persson, "Application of x-ray tomography in non-destructive testing of fibre reinforced plastics," *Materials & Design*, vol. 9, pp. 142–147, 1988.

[35] R. Usamentiaga, P. Venegas, J. Guerediaga, L. Vega, and I. Lopez, "Non-destructive inspection of drilled holes in reinforced honeycomb sandwich panels using active thermography," *Infrared Physics & Technology*, vol. 55, pp. 491–498, 2012.

[36] D. Bull, L. Helfen, I. Sinclair, S. Spearing, and T. Baumbach, "A comparison of multi-scale 3D X-ray tomographic inspection techniques for assessing carbon fibre composite impact damage," *Composites Science and Technology*, vol. 75, pp. 55–61, 2013.

[37] I. Amenabar, A. Mendikute, A. Lopez-Arraiza, M. Lizaranzu, and J. Aurrekoetxea, "Comparison and analysis of non-destructive testing techniques suitable for delamination inspection in wind turbine blades," *Composites Part B: Engineering*, vol. 42, pp. 1298–1305, 2011.

[38] S. Fidan, T. Sinmazçelik, and E. Avcu, "Internal damage investigation of the impacted glass/glass+aramid fiber reinforced composites by micro-computerized tomography," *NDT & E International*, vol. 51, pp. 1–7, 2012.

[39] P. Liu, R. Groves, and R. Benedictus, "3D monitoring of delamination growth in a wind turbine blade composite using optical coherence tomography," *NDT & E International*, vol. 64, pp. 52–58, 2014.

[40] A. Rabiei, M. Enoki, and T. Kishi, "A study on fracture behavior of particle reinforced metal matrix composites by using acoustic emission source characterization," *Materials Science and Engineering A*, vol. 293, pp. 81–87, 2000.

[41] D. Eitzen and H. Wadley, "Acoustic emission: Establishing the fundamentals," *Journal of Research of the National Bureau of Standarts*, vol. 89 (1), pp. 75–100, 1984.

[42] M. Shigeishi, S. Colombo, K. Broughton, H. Rutledge, A. Batchelor, and M. Forde, "Acoustic emission to assess and monitor the integrity of bridges," *Construction and Building Materials*, vol. 15, pp. 35–49, 2001.

[43] A. Nair and C. Cai, "Acoustic emission monitoring of bridges: Review and case studies," *Engineering Structures*, vol. 32, pp. 1704–1714, 2010.

[44] M. Wevers, "Listening to the sound of materials: acoustic emission for the analysis of material behaviour," *NDT & E International*, vol. 30 (2), pp. 99–106, 1997.

[45] G. Kotsikos, J. Evans, A. Gibson, and J. Hale, "Environmentally enhanced fatigue damage in glass fibre reinforced composites characterised by acoustic emission," *Composites: Part A*, vol. 31, pp. 969–977, 2000.

[46] Y. Mizutani, K. Nagashima, M. Takemoto, and K. Ono, "Fracture mechanism characterization of cross-ply carbon-fiber composites using acoustic emission analysis," *NDT & E International*, vol. 33, pp. 101–110, 2000.

[47] S. Grondel, J. Assaad, C. Delebarre, and E. Moulin, "Health monitoring of a composite wingbox structure," *Ultrasonics*, vol. 42, pp. 819–824, 2004.

[48] W. Hill, "Ultrasonic imaging of defects in sandwich composites from laboratory research to in-field inspection," *NDT.net*, vol. 3, n°12, 1998.

[49] J. Krautkramer and H. Krautkramer, *Ultrasonic testing of materials*. Spring-Verlag, 1983.

[50] A. McKie, J. Wagner, J. Spicer, and C. Penney, "Laser generation of narrow-band and directed ultrasound," *Ultrasonics*, vol. 32, pp. 323–330, 1989.

[51] J. Monchalin, *Progress towards the applications of laser ultrasonic in industry*, ch. Review of Progress in Quantitative NDE, vol.12, D.O. Thompson and D.E. Chimenti (eds), pp. 495–506. 1993.

Chapitre 2 Propagation d'ondes guidées de type Lamb dans des structures élastiques anisotropes. Approche par la simulation numérique par éléments finis (MEF).

2.1 Introduction

L'utilisation des ondes guidées comme moyen de CND des structures assemblées a fait ses preuves en aéronautique. Elle permet par exemple de contrôler les réparations faites à l'aide de patchs [1]. La propagation d'ondes guidées a permis aussi de déceler des états d'endommagement pouvant être créés par le vieillissement des matériaux [2, 3, 4]. Il existe deux types d'ondes guidées de plaques : les ondes de Lamb et les ondes SH (*Shear Horizontal*). Nous n'utiliserons que les ondes guidées de type Lamb pour traiter les problèmes d'adhésion et de vieillissement rencontrés lors des contrôles des composites même si les ondes SH ont été largement utilisées pour caractériser certains types de collage [5, 6, 7]. Ce chapitre est divisé en deux grandes parties, dans la première un état de l'art sur la propagation des ondes de Lamb est effectué et dans la seconde, une étude de la simulation numérique de la propagation de ces ondes sur des modèles est réalisée.

Dans la première, partie un rappel sur le procédé de calcul des équations de dispersion en ondes planes pour des milieux viscoélastiques, anisotropes est effectué. On considère une plaque anisotrope homogène dans l'épaisseur. En appliquant les équations de la mécanique à un volume élémentaire de la plaque, il est possible, à partir des déplacements élémentaires de déterminer l'équation de dispersion des ondes de Lamb généralisées [8]. Cette équation de dispersion relie la vitesse de phase au produit fréquence × épaisseur $f.h$ où il est possible de mettre en évidence de nombreux phénomènes dus au couplage entre l'effet dispersif et l'anisotropie du matériau. Les solutions modales sont calculées suivant différentes procédures numériques comme la méthode du simplex ou celle de Newton-Raphson [9]. Avec ces résultats, la propagation de l'énergie dans le matériau est considérée et l'atténuation peut être prise en compte en introduisant une composante de viscosité dans l'onde de Lamb considérée [10].

Dans la seconde partie, nous développerons des modèles de prédictions numériques mettant en œuvre l'END/CND de structures composites, en localisant des défauts de type délaminages au niveau des espaces interplis et d'autres défauts au niveau des interfaces composite/colle/nids d'abeille pour une structure sandwich ou en caractérisant le vieillissement du joint de colle assurant l'adhésion. Nous utiliserons les éléments finis pour les différentes prédictions numériques avec le logiciel *Comsol Multiphysics*$^©$. Des travaux antérieurs sur la simulation de la propagation d'ondes de Lamb a permis de mettre en évidence la diffraction par un défaut générant des conversions de modes lors de l'interaction avec ce dernier [11, 12, 13, 14]. Parmi ces travaux, ceux de Hayachi et Kawashima [15] utilisant une méthode semi-analytique montrent l'efficacité des ondes de Lamb pour la détection de délaminages. Ainsi, ce modèle semi-analytique, proposé par Liu et al. [16, 17] consiste à discrétiser la géométrie uniquement suivant l'épaisseur, permettant de modéliser les couches constituantes. Ceci qui requiert un temps de calcul relativement court et une occupation mémoire faible. Leurs résultats de simulations montrent que lorsque le premier mode symétrique S_0 est généré, celui-ci se convertit en mode antisymétrique A_0 après l'interaction avec le délaminage. À l'inverse le mode A_0 généré ne subit aucune conversion mais seulement des réflexions multiples à l'intersection avec le délaminage. Des résultats similaires ont permis de caractériser la peau de sandwich à âme en nid d'abeille [18] ou en mousse [19, 20].

2.2 Partie 1 : Génération et propagation d'ondes de Lamb dans des structures composites

2.2.1 Présentation et description des ondes de Lamb

Les ondes de Lamb sont des ondes harmoniques se propageant suivant un axe dans une plaque d'épaisseur finie h plongée dans le vide. Elles sont susceptibles de se propager sur de longues distances pouvant atteindre plusieurs centaines de longueurs d'ondes suivant les matériaux et les fréquences. Sir Horace Lamb les a découvertes vers les années 1900 [21] et Viktorov les a grandement étudiées dans les matériaux isotropes [22].

La plaque semi-infinie dont la surface est libre est ainsi appelée guide d'ondes. En effet, dans les solides isotropes comme anisotropes, deux types d'ondes peuvent se propager : l'onde de compression (longitudinale) et l'onde de cisaillement (transversale). La propagation de ces deux ondes est gouvernée par les deux paires d'équations vectorielles suivantes :

$$\frac{\partial^2 \vec{u_L}}{\partial t^2} - V_L^2 \Delta \vec{u_L} = 0 \quad \text{et} \quad \nabla \wedge \vec{u_L} = 0 \quad (2.1)$$

$$\frac{\partial^2 \vec{u_T}}{\partial t^2} - V_T^2 \Delta \vec{u_T} = 0 \quad \text{et} \quad \nabla \cdot \vec{u_T} = 0 \quad (2.2)$$

où $\vec{u_L}$ et $\vec{u_T}$ sont respectivement les champs de déplacement produits par l'onde longitudinale et l'onde transversale respectivement, V_L et V_T les vitesses de propagation respectives. Ces deux types d'onde en se propageant dans la plaque subissent des réflexions multiples entre les deux faces de la plaque et donnent naissance à l'onde de Lamb qui s'y propage en produisant de petites déformations.

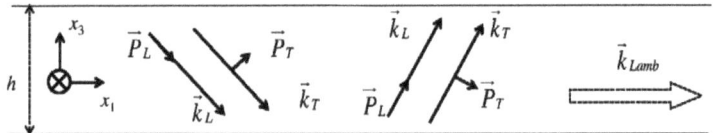

Figure 2.1 : Propagation d'ondes de Lamb dans un guide élastique.

Sur la Figure 2.1 est schématisée la formation d'une onde de Lamb résultant des interactions entre ondes longitudinales et transversales. On note :

$\vec{k_L} = \frac{\omega}{V_L} \vec{n_L}$, le vecteur d'onde longitudinale avec $\vec{n_L}$ le vecteur direction de propagation et

$\vec{P_L}$ le vecteur polarisation des ondes longitudinales

$\vec{k}_T = \dfrac{\omega}{V_T}\vec{n_T}$, le vecteur d'onde transversale avec $\vec{n_T}$ le vecteur direction de propagation et $\vec{P_T}$ le vecteur polarisation des ondes transversales.

Le vecteur polarisation $\vec{k}_{Lamb}$ est celui de l'onde de Lamb résultante. Ce mode de propagation existe lorsque les deux équations d'onde sont simultanément satisfaites par une solution $\vec{u}(t,x_1,x_2)$ qui vérifie également les conditions aux limites aux faces de la plaque.

2.2.2 Propagation dans des matériaux anisotropes

Comme énoncé précédemment, les ondes de Lamb dépendent du produit fréquence × épaisseur $f.h$. Le résultat permettant la description analytique de la propagation des ondes de Lamb est l'établissement des courbes de dispersion (vitesse de phase, vitesse de groupe ou nombre d'onde en fonction du produit fréquence × épaisseur $f.h$). Dans cette partie, nous présentons le calcul permettant d'obtenir donc ces courbes de dispersion pour un matériau anisotrope élastique dont la matrice des constantes élastiques s'écrit en utilisant les indices contractés :

$$C = \begin{bmatrix} C_{11} & C_{12} & C_{13} & C_{14} & C_{15} & C_{16} \\ C_{12} & C_{22} & C_{23} & C_{24} & C_{25} & C_{26} \\ C_{13} & C_{23} & C_{33} & C_{34} & C_{35} & C_{36} \\ C_{14} & C_{24} & C_{34} & C_{44} & C_{45} & C_{46} \\ C_{15} & C_{25} & C_{35} & C_{45} & C_{55} & C_{56} \\ C_{16} & C_{26} & C_{36} & C_{46} & C_{56} & C_{66} \end{bmatrix} \qquad (2.3)$$

2.2.2.1 Établissement des équations de propagation

Par hypothèse, un solide anisotrope caractérisé par sa matrice des constantes de rigidité et traversé par une onde, est localement en mouvement. On considère alors que le déplacement u_i en chaque point du solide varie au cours du temps.

Cette matrice des rigidités C permet de relier les champs de déformation ε aux contraintes T par la loi de Hooke généralisée (expression tensorielle) : $T = C.\varepsilon$.

L'équation du mouvement résulte de l'application du principe fondamental de la dynamique en négligeant les forces d'inertie et de pesanteur et avec ρ la masse volumique du matériau par :

$$\rho \dfrac{\partial^2 u_i}{\partial t^2} = \dfrac{\partial T_{ij}}{\partial x_j} \qquad (2.4)$$

En tenant en compte de l'écriture de la loi de Hooke en fonction des déplacements :

$$T_{ij} = C_{ijkl}\dfrac{\partial u_l}{\partial x_k}, \qquad (2.5)$$

La relation de propagation se met alors sous la forme :

$$\rho \frac{\partial^2 u_i}{\partial t^2} = C_{ijkl} \frac{\partial^2 u_l}{\partial x_j \partial x_k} \quad (2.6)$$

On obtient ainsi un système d'équations différentielles du second ordre. Il permet, en imposant des conditions aux limites de calculer les vitesses de phase des ondes de Lamb en annulant les contraintes aux frontières de la plaque, si elle est dans le vide.

2.2.2.2 Résolution des équations

L'étude de la propagation d'ondes de Lamb dans des structures anisotropes est complexe et des auteurs comme Nayfeh et Rose y ont grandement contribué [23]. Nayfeh propose une méthode permettant de résoudre les équations de dispersion qu'il a établies. Comme dans le cas d'un matériau isotrope, la plaque est supposée infinie suivant les axes x_1 et x_2, l'axe x_3 étant normal à la plaque (Figure 2.2). Dans cette configuration, les ondes se propagent donc suivant l'axe x_1. On peut cependant se ramener à ce cas en effectuant une rotation d'axe x_3 de la matrice de rigidité du matériau. Les ondes se propageant dans la direction x et la plaque étant infinie suivant x_2, les composantes du vecteur déplacement sont donc indépendantes des coordonnées suivant l'axe x_2.

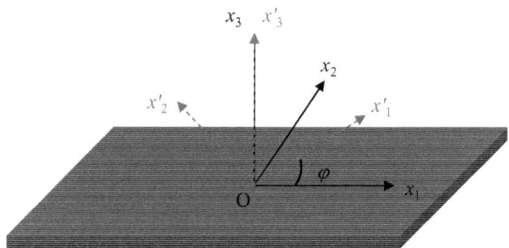

Figure 2.2: Géométrie du problème.

Dans ces conditions, le vecteur déplacement particulaire peut s'écrire :

$$u_l = U_l e^{jk(x_1+\alpha x_3 - ct)} = U_l e^{j(kx_1+qx_3-\omega t)} \quad (2.7)$$

Avec k le nombre d'onde suivant x_1, $c = \omega / k$ la vitesse de phase et $\alpha = q / k$ un coefficient à déterminer sachant que l'inconnue q est la composante du nombre d'onde suivant l'axe x_3.

Les équations de propagation suivant ces types de déplacements dans le cas général (système triclinique) peuvent s'écrire sous la forme d'un système de trois équations sous forme matricielle $[K_{mn}][U_n] = 0$ où K est une matrice symétrique d'ordre 3 :

$$K = \begin{bmatrix} C_{11} - \rho c^2 + 2C_{15}\alpha + C_{55}\alpha^2 & C_{16} + (C_{14}+C_{56})\alpha + C_{45}\alpha^2 & C_{15} + (C_{13}+C_{55})\alpha + C_{35}\alpha^2 \\ C_{16} + (C_{14}+C_{56})\alpha + C_{45}\alpha^2 & C_{66} - \rho c^2 + 2C_{46}\alpha + C_{44}\alpha^2 & C_{56} + (C_{36}+C_{45})\alpha + C_{34}\alpha^2 \\ C_{15} + (C_{13}+C_{55})\alpha + C_{35}\alpha^2 & C_{56} + (C_{36}+C_{45})\alpha + C_{34}\alpha^2 & C_{55} - \rho c^2 + 2C_{35}\alpha + C_{33}\alpha^2 \end{bmatrix}$$

On peut en outre, écrire les éléments de la matrice K sous la forme :

$$K_{11} = C_{11} + 2C_{15}\alpha + C_{55}\alpha^2 - \rho c^2$$
$$K_{12} = C_{16} + (C_{14} + C_{56})\alpha + C_{45}\alpha^2$$
$$K_{13} = C_{15} + (C_{13} + C_{55})\alpha + C_{35}\alpha^2$$
$$K_{22} = C_{66} + 2C_{46}\alpha + C_{44}\alpha^2 - \rho c^2 \qquad (2.8).$$
$$K_{23} = C_{56} + (C_{36} + C_{45})\alpha + C_{34}\alpha^2$$
$$K_{33} = C_{55} + 2C_{35}\alpha + C_{33}\alpha^2 - \rho c^2$$

Le système ainsi défini admet une solution non triviale si le déterminant de la matrice K s'annule. On peut alors envisager de résoudre une équation caractéristique d'un polynôme d'ordre 6 reliant α et c. Ainsi donc, pour chaque valeur de c, cette équation admet 6 racines α_r. Pour chaque racine, le système d'équations permet d'obtenir les rapports suivants :

$$V_r = \frac{U_{2r}}{U_{1r}} = \frac{K_{11}(\alpha_r)K_{23}(\alpha_r) - K_{13}(\alpha_r)K_{12}(\alpha_r)}{K_{13}(\alpha_r)K_{22}(\alpha_r) - K_{12}(\alpha_r)K_{23}(\alpha_r)} \qquad r \in \{1,2,3,4,5,6\} \qquad (2.9)$$

$$W_r = \frac{U_{3r}}{U_{1r}} = \frac{K_{11}(\alpha_r)K_{23}(\alpha_r) - K_{12}(\alpha_r)K_{13}(\alpha_r)}{K_{12}(\alpha_r)K_{33}(\alpha_r) - K_{23}(\alpha_r)K_{13}(\alpha_r)} \qquad r \in \{1,2,3,4,5,6\} \qquad (2.10)$$

D'après la loi de Hooke et avec l'aide du théorème de superposition, il est possible d'obtenir les valeurs des déplacements et des contraintes en fonction de ces rapports :

$$(u_1, u_2, u_3) = \sum_{r=1}^{6} (1, V_r, W_r) U_{1r} e^{jk(x_1 + \alpha_r x_3 - ct)} \qquad (2.11)$$

$$(T_{13}, T_{23}, T_{33}) = \sum_{r=1}^{6} jk(D_{1r}, D_{2r}, D_{3r}) U_{1r} e^{jk(x_1 + \alpha_r x_3 - ct)} \qquad (2.12)$$

avec :

$$D_r = \begin{bmatrix} D_{1r} \\ D_{2r} \\ D_{3r} \end{bmatrix} = \begin{bmatrix} C_{13} + \alpha_r C_{35} + (C_{36} + \alpha_r C_{34})V_r + (C_{35} + \alpha_r C_{33})W_r \\ C_{15} + \alpha_r C_{55} + (C_{56} + \alpha_r C_{45})V_r + (C_{55} + \alpha_r C_{35})W_r \\ C_{14} + \alpha_r C_{45} + (C_{46} + \alpha_r C_{44})V_r + (C_{45} + \alpha_r C_{34})W_r \end{bmatrix} \qquad (2.13)$$

L'écriture des conditions aux limites à $x_3 = \pm h/2$ permet d'obtenir deux systèmes sur les contraintes que l'on peut regrouper en un seul système sous forme matricielle :

$$\begin{bmatrix} D_{11}E_1 & D_{12}E_2 & D_{13}E_3 & D_{14}E_4 & D_{15}E_5 & D_{16}E_6 \\ D_{21}E_1 & D_{22}E_2 & D_{23}E_3 & D_{24}E_4 & D_{25}E_5 & D_{26}E_6 \\ D_{31}E_1 & D_{32}E_2 & D_{33}E_3 & D_{34}E_4 & D_{35}E_5 & D_{36}E_6 \\ D_{11}E_1^* & D_{12}E_2^* & D_{13}E_3^* & D_{14}E_4^* & D_{15}E_5^* & D_{16}E_6^* \\ D_{21}E_1^* & D_{22}E_2^* & D_{23}E_3^* & D_{24}E_4^* & D_{25}E_5^* & D_{26}E_6^* \\ D_{31}E_1^* & D_{32}E_2^* & D_{33}E_3^* & D_{34}E_4^* & D_{35}E_5^* & D_{36}E_6^* \end{bmatrix} \begin{bmatrix} U_{11} \\ U_{12} \\ U_{13} \\ U_{14} \\ U_{15} \\ U_{16} \end{bmatrix} = \begin{bmatrix} 0 \\ 0 \\ 0 \\ 0 \\ 0 \\ 0 \end{bmatrix} \qquad (2.14),$$

avec :

$$E_r = e^{j\frac{k\alpha_r h}{2}} \quad \text{et} \quad E_r^* = e^{-j\frac{k\alpha_r h}{2}} \quad \text{avec } r = \{1, 2, 3, 4, 5, 6\} \qquad (2.15)$$

Pour les amplitudes aussi, la solution non triviale existe lorsque le déterminant de ce système est nul. C'est la condition qui permet d'obtenir les courbes de dispersion. Dans le cas général en présence d'un matériau présentant un fort degré d'anisotropie (21 coefficients indépendants), la résolution s'avère complexe. On peut cependant effectuer le calcul sur des matériaux dont les structures cristallographiques présentent au moins une condition de symétrie.

2.2.3 Cas des matériaux monocliniques

Le système cristallin monoclinique est caractérisé par la présence d'un axe binaire de symétrie (x_1, x_2). Cela réduit en conséquence le nombre de constantes élastiques de 21 à 13 et la matrice de rigidité s'écrit alors :

$$C = \begin{bmatrix} C_{11} & C_{12} & C_{13} & 0 & 0 & C_{16} \\ C_{12} & C_{22} & C_{23} & 0 & 0 & C_{26} \\ C_{13} & C_{23} & C_{33} & 0 & 0 & C_{36} \\ 0 & 0 & 0 & C_{44} & C_{45} & 0 \\ 0 & 0 & 0 & C_{45} & C_{55} & 0 \\ C_{16} & C_{26} & C_{36} & 0 & 0 & C_{66} \end{bmatrix} \qquad (2.16)$$

Avec ces conditions, la matrice K établie en (2.8) devient :

$$K = \begin{bmatrix} C_{11} - \rho c^2 + C_{55}\alpha^2 & C_{16} + C_{45}\alpha^2 & (C_{13} + C_{55})\alpha \\ C_{16} + C_{45}\alpha^2 & C_{66} - \rho c^2 + C_{44}\alpha^2 & (C_{36} + C_{45})\alpha \\ (C_{13} + C_{55})\alpha & (C_{36} + C_{45})\alpha & C_{55} - \rho c^2 + C_{33}\alpha^2 \end{bmatrix} \qquad (2.17)$$

L'annulation du déterminant de la nouvelle matrice K permet cette fois d'obtenir une équation polynomiale d'ordre 3 reliant α^2. Ainsi, les racines α_r de l'équation d'ordre 6 dans le cas général vérifient $\alpha_2 = -\alpha_1$, $\alpha_4 = -\alpha_3$, et $\alpha_6 = -\alpha_5$, soit $\alpha_{j+1} = -\alpha_j$ avec $j = \{1, 3, 5\}$.

Par ailleurs, les rapports V et W vérifient :

$$V_{j+1} = V_j \quad \text{et} \quad W_{j+1} = -W_j \quad \text{avec } j = \{1, 3, 5\}$$ et comme les coefficients relatifs aux contraintes aussi vérifient :

$$D_{1,j+1} = D_{1,j}, \quad D_{2,j+1} = -D_{2,j}, \quad D_{3,j+1} = -D_{3,j}.$$

Enfin, le système exprimant les conditions aux limites sur les deux faces libres de la plaque se met sous la forme :

$$\begin{bmatrix} D_{11}c_1 & D_{13}c_3 & D_{15}c_5 & 0 & 0 & 0 \\ D_{21}s_1 & D_{23}s_3 & D_{25}s_5 & 0 & 0 & 0 \\ D_{31}s_1 & D_{33}s_3 & D_{35}s_5 & 0 & 0 & 0 \\ 0 & 0 & 0 & D_{11}s_1 & D_{13}s_3 & D_{15}s_5 \\ 0 & 0 & 0 & D_{21}c_1 & D_{23}c_3 & D_{25}c_5 \\ 0 & 0 & 0 & D_{31}c_1 & D_{33}c_3 & D_{35}c_5 \end{bmatrix} \begin{bmatrix} U_{11} \\ U_{12} \\ U_{13} \\ U_{14} \\ U_{15} \\ U_{16} \end{bmatrix} = \begin{bmatrix} 0 \\ 0 \\ 0 \\ 0 \\ 0 \\ 0 \end{bmatrix} \quad (2.18)$$

où :

$$c_r = \cos\left(\frac{k\alpha_r h}{2}\right) \quad \text{et} \quad s_r = \sin\left(\frac{k\alpha_r h}{2}\right) \quad (2.19)$$

Cette condition peut se décomposer en deux sous-équations caractéristiques, correspondant respectivement aux modes (quasi-) symétriques et (quasi-) antisymétriques qui peuvent s'écrire sous la forme :

$$\begin{cases} D_{11}\Delta_1 \cotan\left(\frac{k\alpha_1 h}{2}\right) - D_{13}\Delta_3 \cotan\left(\frac{k\alpha_3 h}{2}\right) + D_{15}\Delta_5 \cotan\left(\frac{k\alpha_5 h}{2}\right) = 0 \\ D_{11}\Delta_1 \tan\left(\frac{k\alpha_1 h}{2}\right) - D_{13}\Delta_3 \tan\left(\frac{k\alpha_3 h}{2}\right) + D_{15}\Delta_5 \tan\left(\frac{k\alpha_5 h}{2}\right) = 0 \end{cases} \quad (2.20)$$

avec : $\begin{cases} \Delta_1 = D_{23}D_{35} - D_{33}D_{25} \\ \Delta_3 = D_{31}D_{25} - D_{21}D_{35} \\ \Delta_5 = D_{21}D_{33} - D_{31}D_{23} \end{cases}$

Dans ce cas, les ondes transversales sont couplées avec les modes symétriques et antisymétriques. Elles ne peuvent être découplées qu'avec des plans de symétrie présents dans la plaque (comme dans le cas des matériaux orthotropes).

2.2.4 Cas des matériaux orthotropes
Un matériau possédant trois plans de symétrie orthogonaux deux à deux est dit orthotrope. Dans ce cas, dans le repère (O, x_1, x_2, x_3) appelé repère d'orthotropie, on constate l'annulation des constantes C_{16}, C_{26}, C_{36} et C_{45} et la matrice de rigidité ne comporte plus que neuf coefficients indépendants.

2.2.4.1 Propagation suivant l'axe principal
En assimilant la direction de propagation et l'axe principal (de symétrie) du matériau, la matrice de rigidité peut alors se mettre sous la forme :

$$C = \begin{bmatrix} C_{11} & C_{12} & C_{13} & 0 & 0 & 0 \\ C_{12} & C_{22} & C_{23} & 0 & 0 & 0 \\ C_{13} & C_{23} & C_{33} & 0 & 0 & 0 \\ 0 & 0 & 0 & C_{44} & 0 & 0 \\ 0 & 0 & 0 & 0 & C_{55} & 0 \\ 0 & 0 & 0 & 0 & 0 & C_{66} \end{bmatrix} \quad (2.21)$$

Avec ces nouvelles conditions, la matrice K devient :

$$K = \begin{bmatrix} C_{11} - \rho c^2 + C_{55}\alpha^2 & 0 & (C_{13} + C_{55})\alpha \\ 0 & C_{66} - \rho c^2 + C_{44}\alpha^2 & 0 \\ (C_{13} + C_{55})\alpha & 0 & C_{55} - \rho c^2 + C_{33}\alpha^2 \end{bmatrix} \quad (2.22)$$

et les valeurs littérales des coefficients peuvent être calculées :

$$\begin{cases} \alpha_1 = -\alpha_2 = \dfrac{-B - \sqrt{B^2 - 4AC}}{2A} \\ \alpha_3 = -\alpha_4 = \dfrac{-B + \sqrt{B^2 - 4AC}}{2A} \\ \alpha_5 = -\alpha_6 = \sqrt{\dfrac{\rho c^2 - C_{66}}{C_{44}}} \end{cases} \quad (2.23)$$

avec : $\begin{cases} A = C_{33}C_{55} \\ B = C_{33}(C_{11} - \rho c^2) + C_{55}(C_{55} - \rho c^2) - (C_{13} + C_{55})^2 \\ C = (C_{11} - \rho c^2)(C_{55} - \rho c^2) \end{cases}$

Les coefficients de D_r deviennent alors :

$$\begin{aligned} D_{1r} &= (C_{13} + C_{33}\alpha_r W_r) \\ D_{2r} &= C_{55}(\alpha_r + W_r) \end{aligned} \quad \text{pour } r = \{1, 2, 3, 4\} \quad \text{avec} \quad W_r = \frac{\rho c^2 - C_{11} - C_{55}\alpha_r^2}{(C_{13} + C_{55})\alpha_r}$$

Et pour l'onde transverse : $D_{36} = -D_{35} = C_{44}\alpha_5$.

À ce stade, on peut maintenant écrire les équations caractéristiques des ondes respectivement symétriques, antisymétriques et transverses :

$$\begin{cases} D_{11}D_{23} \cotan\left(\dfrac{k\alpha_1 h}{2}\right) - D_{13}D_{21} \cotan\left(\dfrac{k\alpha_3 h}{2}\right) = 0 \\ D_{11}D_{23} \tan\left(\dfrac{k\alpha_1 h}{2}\right) - D_{13}D_{21} \tan\left(\dfrac{k\alpha_3 h}{2}\right) = 0 \\ \sin(k\alpha_5 h) = 0 \end{cases} \quad (2.24)$$

2.2.4.2 Propagation suivant un axe quelconque

Dans le cas d'une propagation dans une direction non principale, l'axe Ox'_1 fait un angle φ avec l'axe principal Ox_1. Une transformation du tenseur des rigidités est envisageable en utilisant une rotation d'axe Ox_3 d'angle φ exprimée dans le repère d'orthotropie. Les éléments du tenseur de rigidité doivent alors être transformés selon la relation : $C'_{ijkl} = a_{im}a_{jn}a_{ko}a_{lp}C_{mnop}$ avec $\{i, j, k, l, m, n, o, p\} = \{1, 2, 3\}$.

Les termes a_{ij} sont appelés cosinus directeurs et prennent la forme :

$$a_{ij} = \begin{pmatrix} \cos\theta & \sin\theta & 0 \\ -\sin\theta & \cos\theta & 0 \\ 0 & 0 & 1 \end{pmatrix} \tag{2.25}$$

Après transformation, le tenseur de rigidité possède alors 13 composantes indépendantes :

$$C = \begin{bmatrix} C'_{11} & C'_{12} & C'_{13} & 0 & 0 & C'_{16} \\ C'_{12} & C'_{22} & C'_{23} & 0 & 0 & C'_{26} \\ C'_{13} & C'_{23} & C'_{33} & 0 & 0 & C'_{36} \\ 0 & 0 & 0 & C'_{44} & C'_{45} & 0 \\ 0 & 0 & 0 & C'_{45} & C'_{55} & 0 \\ C'_{16} & C'_{26} & C'_{36} & 0 & 0 & C'_{66} \end{bmatrix} \tag{2.26}$$

On retrouve le tenseur de rigidité exprimé comme pour un matériau monoclinique. La propagation suivant un axe quelconque dans un matériau orthotrope donne des solutions et des courbes de dispersion calculées dans le cas le plus général. En plus on peut tenir en compte les effets de la viscoélasticité des matériaux composites en rendant complexes les constantes élastiques comme suit : $C_{ij}^* = C_{ij}(1+j\alpha_{ij})$, conformément aux observations.

2.2.5 Résolution numérique : établissement des courbes de dispersion

2.2.5.1 Programmation

La résolution numérique des équations de dispersion consiste donc à annuler le déterminant trouvé à la relation (2.18). Pour cela, nous effectuons une recherche de zéros dans le plan (f, v_p) en utilisant la méthode de Newton-Raphson. Dans un premier temps, nous avons utilisé Matlab® pour tester l'annulation ; la précision s'est avérée insuffisante. Dans un second temps, nous avons utilisé Mathematica® qui permet, en contrepartie de temps de calculs importants, d'atteindre la précision souhaitée.

Les couples (ω, f) solutions de ce problème aux valeurs propres permettent d'obtenir des solutions non nulles au système différentiel avec pour condition aux limites l'annulation des contraintes tangentielles au niveau des bords libres (en $x_3 = \pm h/2$).

Dès lors, on peut définir la vitesse de phase v_p définie par :

$$v_p = \frac{\omega}{k} \tag{2.27}$$

Elle correspondrait à la vitesse à laquelle se déplace une onde mono-fréquentielle. En réalité, une telle onde n'existe pas car plusieurs fréquences sont présentes et on montre que la vitesse de propagation d'un « paquet d'ondes », appelé aussi vitesse de groupe v_g vaut :

$$v_g = \frac{d\omega}{dk} \tag{2.28}$$

Plusieurs types de résolution sont alors envisageables : on peut uniquement rechercher une image indiquant les minimums du déterminant en faisant un balayage sur k et ω. Il est également possible, à partir d'un point de départ, d'essayer de suivre un mode en particulier.

Un code écrit en Fortran a été développé pour effectuer tout d'abord une recherche de points de départ pour les différents modes présents dans la fenêtre de calcul pour ensuite suivre chacun d'entre eux. À la fréquence maximale de la fenêtre où tous les modes sont présents, une recherche des valeurs estimées initiales est faite. À partir d'un certain nombre de valeurs de la vitesse réparties linéairement entre les deux vitesses extrêmes du domaine d'étude, on utilise la méthode de Newton-Raphson afin de trouver un zéro du déterminant du système (2.20). Les zéros distincts obtenus correspondent au premier point d'un mode. À partir de ces points, un suivi de chacun des modes est effectué en baissant la fréquence où l'algorithme de recherche de zéros du déterminant est utilisé pour trouver la vitesse c du mode. À l'instant où la fréquence (ou la vitesse) sort du domaine d'étude, le suivi est arrêté.

2.2.5.2 Interprétation pour une peau monolithique pour sandwich

Une fois le programme établi, on peut alors commencer à tracer les courbes de dispersion de structures anisotropes. Afin d'avoir les caractéristiques des ondes de Lamb dans une plaque composite orthotrope, utilisée comme peau dans la conception de structures sandwichs, nous traçons ses courbes de dispersion.

La peau composite est supposée orthotrope et nous n'avons pas pris en compte l'atténuation. Le Tableau 2.1 ci-dessous récapitule les paramètres à entrer lors de l'exécution du programme pour la recherche des courbes de dispersion des ondes de Lamb pour des fréquences allant de 100 kHz à 2 MHz et des vitesses allant de 200 à 20000 m/s.

ρ (kg/m^3)	C_{11} (GPa)	$C_{22} = C_{33}$ (GPa)	$C_{13} = C_{12} = C_{23}$ (GPa)	$C_{55} = C_{66}$ (GPa)
1530	56,9	14,7	9,76	4,16

Tableau 2.1: Coefficients élastiques C_{ij}, et masse volumique ρ utilisés pour tracer les courbes de dispersion.

Les courbes de dispersion théoriques d'une plaque composite monolithique d'épaisseur 1,6 mm sont tracées à la Figure 2.3 ci-dessous. La dispersion des ondes de Lamb est ainsi représentée en termes de vitesse de phase, de vitesse de groupe et de nombre d'onde en fonction de la fréquence. Les allures des modes symétriques (tirets) et celles des modes antisymétriques (traits pleins) sont représentées. On leur attribuera des numéros (1, 2, 3,...) suivant leur ordre d'apparition ainsi que la lettre A ou S selon leur famille d'appartenance.

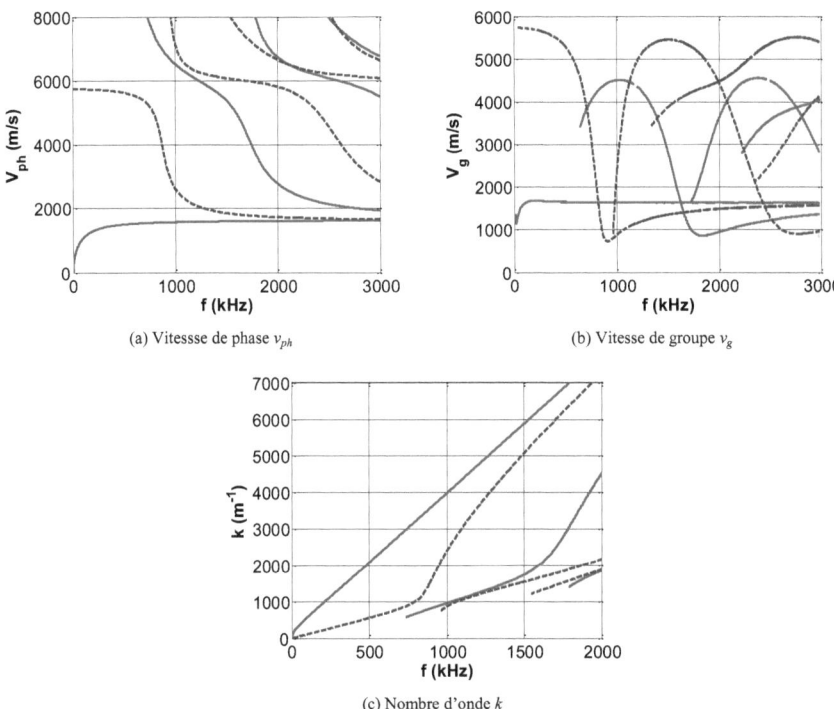

Figure 2.3: **Courbe de dispersion des ondes de Lamb dans une plaque composite orthotrope d'épaisseur $h = 1,6$ mm. Modes antisymétriques A (traits pleins) & symétriques S (pointillés).**

2.3 Partie 2 : Simulation par éléments finis

La modélisation par éléments finis (MEF) permet de simuler des problèmes multi-physiques, particulièrement adaptée à des géométries complexes dans de nombreux domaines d'application. Pour des auteurs comme G. Beer et J.O.Watson [24], la méthode des éléments finis (FEM) et celles des limites finies BEM (*Boundary Element Method*) sont deux méthodes complémentaires. En effet, les logiciels de simulations numériques allient aujourd'hui différentes méthodes de résolution associées aux différents types d'analyses, qu'elles soient temporelles, harmoniques ou modales. Dès lors, il apparait que chacune des méthodes convient à des problèmes particuliers, l'une étant en général plus efficace que l'autre.

C'est le cas pour notre étude : on choisira la FEM pour décrire la propagation d'onde planes harmoniques dans les matériaux composites (peaux monolithiques et structures sandwichs). Les simulations sont faites avec le logiciel *Comsol Multiphysics*© en utilisant le module *Mécanique des Structures*.

Dans cette partie, une étude sur la propagation des ondes de Lamb dans une plaque composite est faite dans un premier temps. On montre les aspects de la simulation et tous les paramétrages nécessaires. Dans un second temps, une mise en évidence de l'efficacité des ondes de Lamb pour la détection de macro défauts et l'adhésion dans une structure sandwich est réalisée.

2.3.1 Propagation d'ondes de Lamb dans une plaque monolithique

Nous essayons de prédire le comportement des ondes de Lamb dans une plaque dont les bords sont supposés libres. Une approche par la simulation numérique 2D est nécessaire avant les futures expériences. La plaque a une longueur $L = 50$ mm (suivant la direction de propagation x) et une épaisseur $h = 1,6$ mm ; la largeur est considérée infinie. Cette longueur L a été prise égale à 50 mm afin de réduire les durées de simulation. Par contre, l'épaisseur h correspond précisément à celle des échantillons que nous étudierons expérimentalement.

Une fois la géométrie de la plaque réalisée, il reste à la mailler et à définir un échantillonnage temporel suffisant. Les critères de nombre de mailles par longueur d'onde et de pas temporels préconisés sont affinés d'un facteur de l'ordre de 10 relativement au critère de Shannon ($\Delta x \leq 2.\lambda_{min}$ en pas spatial et $f_e \geq 2.f_{max}$ en pas temporel).

2.3.1.1 Maillage et échantillonnage temporel

Plusieurs études portant sur la simulation de la propagation d'un phénomène ondulatoire établissent pour une analyse temporelle qu'il est nécessaire d'avoir au moins 10 mailles par longueur d'onde (au moins 5 fois le critère de Shannon). Cet ordre de grandeur de 10 mailles par longueur d'onde est à relativiser selon la méthode de résolution. Cela implique la connaissance des ondes susceptibles de se propager dans le domaine à étudier. Ainsi, la plus petite longueur d'onde recherchée se propageant dans la structure permet de dimensionner le maillage de manière adaptée.

$$\Delta x \leq \frac{\lambda_{min}}{10} \quad \text{avec} \quad \lambda_{min} = \frac{V_{min}}{f_{max}} \quad (2.29)$$

$$\Delta t \leq \frac{1}{10.f_{max}} \quad \text{soit} \quad \Delta t = \frac{\Delta x}{V_{min}} \quad (2.30)$$

En d'autres termes, le choix d'un nombre optimal d'éléments permet de minimiser les temps de calculs. Selon la géométrie de la structure, le logiciel offre plusieurs façons de mailler. Dans le cas de notre étude, la plaque étudiée se prête parfaitement à un maillage de type rectangulaire.

2.3.1.2 Excitation sur une bande de fréquences

Afin de déterminer quelles sont les ondes de Lamb qui se propagent et à quelle fréquence elles sont dominantes dans la plaque composite orthotrope, une simulation est réalisée sur la gamme des fréquences allant de 100 à 2500 kHz. Cette technique permettant de générer plusieurs modes à la fois consiste à exciter le point supérieur gauche de la plaque avec un signal *chirp*. Ce type de signal implique une bande passante plus étroite et le fait de le fenêtrer favorise les fréquences centrales. La durée de l'excitation est de 15 µs et on a jugé nécessaire d'arrêter le temps de propagation à 35 µs puisqu'au bout de 10 µs des ondes commencent à être réfléchies par l'autre extrémité de la plaque comme le montre la Figure 2.4 (a).

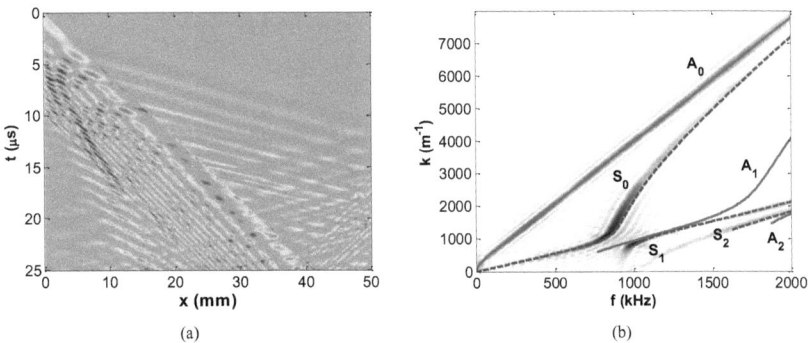

Figure 2.4: Image spatio-temporelle (a) et visualisation des ondes en présence dans l'espace dual (b) dans une plaque carbone époxy d'épaisseur h = 1,6 mm.

La représentation « tout fréquence » à la Figure 2.4 (b) révèle la présence des ondes et leur ordre d'apparition en fonction de la fréquence. Elle a été obtenue en effectuant une double transformée de Fourier de l'image spatio-temporelle. On observe qu'aux basses fréquences (f < 500 kHz) seuls les deux premiers modes fondamentaux sont présents, avec un mode antisymétrique A_0 dominant. De plus, ce mode A_0 ne s'atténue pas ou peu contrairement aux autres modes. Ces remarques sont importantes car par la suite, ce mode est choisi afin d'étudier son comportement vis-à-vis d'un défaut de type délaminage dans une structure sandwich (composite-adhésif-nid d'abeille) et au niveau de l'interface de ces types de structures.

2.3.2 Interaction du mode fondamental A_0 avec des défauts d'adhésion

Dans la réalité, plusieurs défauts d'adhésion peuvent apparaitre durant le cycle de vie des matériaux composites et notamment dans les sandwichs. Afin de montrer l'efficacité des ondes de Lamb par la simulation numérique, nous testerons deux configurations pour le CND des sandwichs composites. Dans un premier temps, la simulation d'un délaminage est réalisée et dans un second temps, un défaut d'adhésion est matérialisé par une mauvaise adhésion à l'interface peau-nid d'abeille.

2.3.2.1 Simulation d'un délaminage dans une peau de sandwich

Dans cette partie l'excitation ne se fait plus avec un *chirp* qui permet de générer plusieurs modes simultanément, mais avec un signal harmonique fenêtré (*burst*). Contrairement au signal *chirp*, un *burst* est caractérisé par : sa durée, son nombre de cycles et sa fréquence.

2.3.2.1.1 Modélisation et paramétrages

On génère le mode de Lamb A_0 à partir des déplacements calculés théoriquement et l'excitation ne se fait plus avec un point mais avec une frontière (arête). En effet, les déplacements relatifs au mode de Lamb voulu sont calculés sur une section droite de la plaque, ce qui permet de générer un « mode pur » A_0 à la fréquence de 100 kHz. Ainsi, on impose les composantes normales U_1 et tangentielles U_3 des déplacements du mode A_0 à l'arête gauche de la peau supérieure (Figure 2.5, trait plein).

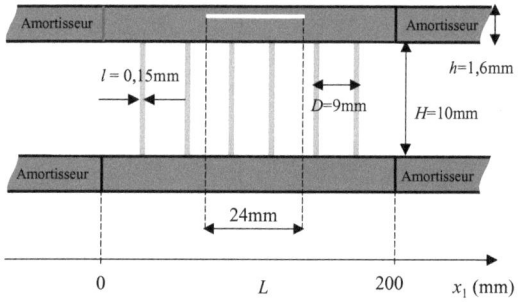

Figure 2.5: Géométrie du modèle 2D d'un matériau sandwich avec $h = 1,6$ et $L = 200$ mm (épaisseur et longueur des peaux), $l = 0,15$, $H = 10$ et $D = 9$ mm (largeur, hauteur des clinquants et taille des cellules du nid d'abeille).

Ainsi, c'est toute la frontière de gauche qui va vibrer pour générer l'onde A_0. Des amortisseurs sont disposés au niveau des frontières avec les peaux composites. Ces amortisseurs encore appelés régions absorbantes suppriment les réflexions par les bords ou les fronts d'ondes réfléchis par un défaut. Ces réflexions ne doivent pas se propager de nouveau, ces phénomènes sont indésirables lorsque l'on s'intéresse au suivi du mode de Lamb généré pour mettre au point des procédés de CND/END. En outre, ces amortisseurs sont assimilables au milieu arrière absorbant (*backing*) se trouvant dans les transducteurs. Leurs caractéristiques sont définies de telle sorte qu'il n'y ait pas de forte rupture d'impédance acoustique, mais des variations « douces » des constantes élastiques pour absorber les ondes. Pour l'analyse temporelle, le module *Mécanique des Structures* propose un amortissement de type Rayleigh avec un facteur de perte. Avec ce modèle d'amortissement, on définit deux paramètres proportionnels à la masse (α_{dM}) et la rigidité (β_{dK}) de la manière suivante :

$$C = \alpha_{dM} M + \beta_{dK} K \tag{2.31}$$

où C désigne la matrice d'amortissement, M la matrice de masse et K la matrice de rigidité. L'amortissement est défini localement et on peut spécifier différents paramètres d'amortissement dans les différentes parties du modèle.

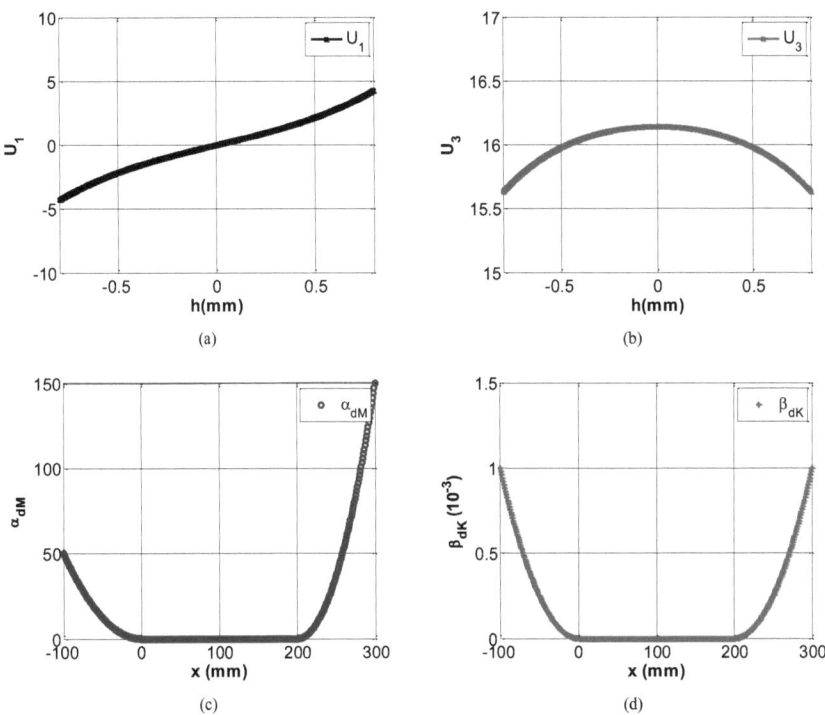

Figure 2.6: Déplacements théoriques (a) U_1 (u.a) et (b) U_3 (u.a) pour le mode de Lamb A_0 calculés à f = 100 kHz, suivant l'épaisseur (x_3). Coefficients d'amortissement, (c) α_{dM} et (d) β_{dK} suivant l'axe de propagation ((x_1) ou tout simplement (x)) utilisés dans la modélisation.

Une fois les déplacements exprimés à $x = 0$ mm, on peut à présent définir l'excitation. On utilise la condition aux frontières de Dirichlet avec le module $H.U = R$ dans Comsol Multiphysics$^©$. On définit donc R_x et R_y (dépendants de U_1 et U_3 respectivement) qui varient en quadrature de phase avec la fréquence d'excitation f = 100 kHz. Ce signal est ensuite multiplié par zéro si t n'est pas dans la fenêtre temporelle (entre 0 et 50 µs) et enfin multiplié par une fenêtre de Hamming [25] pour un éventuel filtrage fréquentiel. Les expressions de R_x et R_y sont explicitées par la paire d'équations (2.32). Afin d'obtenir un régime quasi-harmonique, 5 périodes $5.T = 5/f = 50$ µs sont appliquées.

$$\begin{aligned}R_x &= U_1 \cos(2\pi \cdot 100 \cdot 10^3 t) \cdot (t \geq 0) \cdot (t \leq 50 \cdot 10^{-6}) \cdot ((1 - \cos(2\pi / 50 \cdot 10^{-6} t))/2) \\ R_y &= U_3 \sin(2\pi \cdot 100 \cdot 10^3 t) \cdot (t \geq 0) \cdot (t \leq 50 \cdot 10^{-6}) \cdot ((1 - \cos(2\pi / 50 \cdot 10^{-6} t))/2)\end{aligned} \quad (2.32)$$

2.3.2.1.2 Calcul de la solution

Le dimensionnement de la structure, le maillage, l'échantillonnage temporel et l'excitation ayant été réalisés, la simulation peut être lancée. Pour le temps de propagation de l'onde dans la structure, 250 µs sont suffisantes car aux alentours de 150 µs, l'onde arrive à l'autre extrémité de la peau supérieure et est absorbée par l'amortisseur. Une fois la simulation réalisée, les réponses temporelles sont donc connues en tous points de la structure. La Figure 2.7 illustre entre autres la réponse de la structure en tout début de propagation ($x = 2$ mm). Ce type de relevé correspond bien aux conditions expérimentales où un transducteur en émission/réception ou tout simplement en réception détecte des vibrations et les transmet vers un oscilloscope. La concaténation de toutes ces réponses temporelles donne une image spatio-temporelle $s(x, t)$.

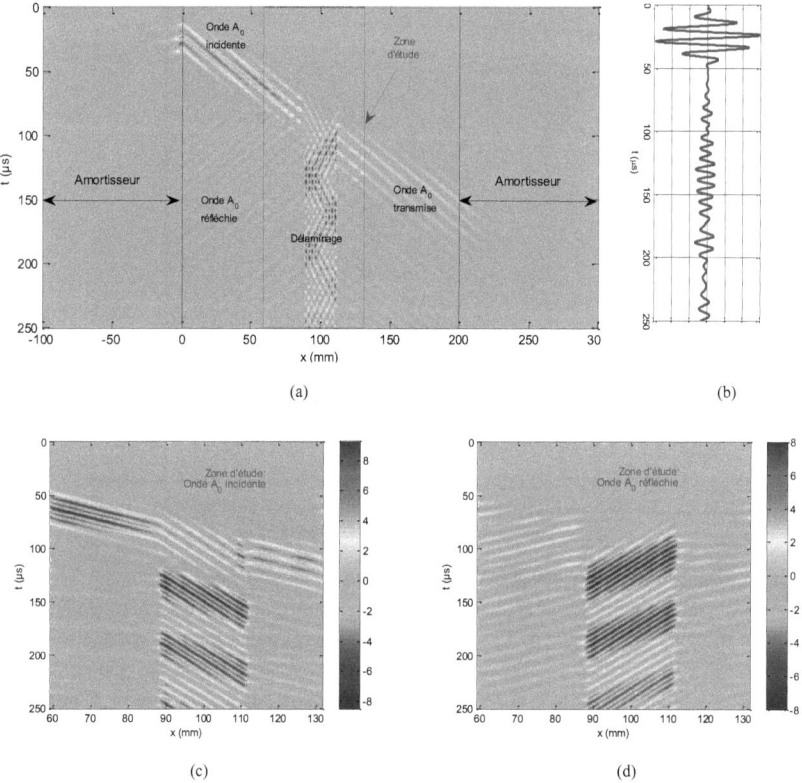

Figure 2.7: (a) Évolution spatio-temporelle des déplacements U_3 en surface. (b) Coupe pour obtenir les déplacements à $x = 2$ mm. Séparation des ondes (c) incidente et (d) réfléchie.

Cette image $s(x, t)$ présente toutes les ondes présentes dans la structure. On peut effectuer un filtrage des signaux pour séparer le faisceau incident du faisceau réfléchi [26]. Pour cela, dans un premier temps une FFT 2D de la cartographie $s(x, t)$ est réalisée donnant quatre images symétriques deux à deux dans l'espace dual (k, f). On n'en conserve que deux avant d'effectuer l'opération inverse, c'est-à-dire la double FFT inverse pour revenir dans l'espace (temps-position). C'est ainsi que la séparation de l'onde incidente et de celle réfléchie est réalisée (Figure 2.7 (c) et (d)). Dès à présent, on peut voir le comportement de l'onde A_0 vis-à-vis du délaminage. Pour davantage mettre en évidence ce procédé de CND, un autre traitement du signal incident est nécessaire.

2.3.2.1.3 Traitement des signaux

On prend le signal incident et filtré pour effectuer le suivi de la propagation. Dans un premier temps, on restreint la zone d'étude (Figure 2.7 (a), cadre) de $x = 58$ à 132 mm où figurent le délaminage et 8 montants ou parois du nid d'abeille répartis régulièrement à une distance $D = 9$ mm. Le signal incident séparé du signal réfléchi est maintenant fenêtré par une fenêtre de type *Tukeywin* [25] dont la longueur est égale en nombre de points, à la durée du signal (50 μs). Un filtrage est aussi nécessaire pour se passer de toutes autres réflexions qui nuiraient le traitement fréquentiel (Figure 2.8 (a)). On observe bien une perturbation du faisceau dans la zone du délaminage car à ce niveau, la pente du paquet (les fronts d'ondes) est plus importante. Cela est dû à la présence du délaminage, qui constitue en effet une barrière à la propagation du mode de Lamb sur toute l'épaisseur. L'onde est confinée entre le haut de la peau composite et le délaminage. C'est ce que l'on appelle l'établissement d'un mode stationnaire.

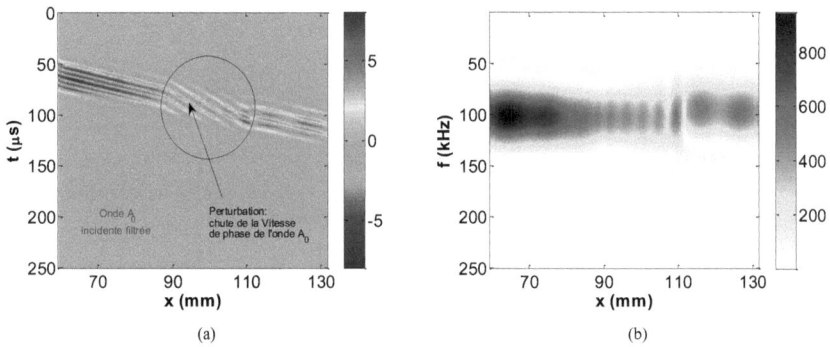

Figure 2.8: Image spatio-temporelle filtrée (a). Spectre à 100 kHz (b) avec une mise en évidence de la décroissance de l'amplitude de l'onde A_0.

Cette représentation permet de plus d'évaluer la longueur du délaminage dans la peau. Pour cela une première FFT temporelle du signal incident et filtré est faite. Le lobe principal sur le spectre $s(x, f)$ est à 100 kHz vérifiant la fréquence à laquelle est réalisée la simulation. On observe aussi des lobes secondaires moins importants en amplitude (Figure 2.8.(b)). Pour une visualisation beaucoup plus complète du défaut, une seconde FFT spatiale cette fois-ci à fenêtre glissante est réalisée sur le spectre obtenu. Elle consiste à fixer la fréquence à la fréquence de travail (ici $f = 100$ kHz), puis à définir une largeur de fenêtre. Nous prenons une largeur de fenêtre glissante égale à $D = 9$ mm (taille des cellules du nid d'abeille). Ce choix de largeur est en effet très important, car on doit s'assurer que la fenêtre couvre toutes les longueurs d'onde qui existent lors de la propagation ($f = 100$ kHz, soit $\lambda_{A0} = 10,8$ mm). Ceci peut être ambigu, mais notre but pour ce cas-ci est de déterminer la longueur du délaminage ($> \lambda_{A0}$). Une fois la fréquence fixée et la taille de la fenêtre *larg* définis, on peut maintenant commencer à appliquer la FFT à chaque position avec une fenêtre de type Hanning [25]. Le pas de translation spatial de la fenêtre est $dk = 0,1$ mm.

À la fin du traitement, à chaque position x dans l'intervalle $\left[\left(\dfrac{larg}{2}\right) \times dk, x_{\max} - \left(\dfrac{larg}{2}\right) \times dk\right]$ avec x_{max} la dernière position de calcul, est associée un nombre d'onde k (Figure 2.9). Ce traitement permet de dimensionner le défaut de longueur $D = 24$ mm, et de retrouver sa position suivant l'épaisseur dans la peau (la valeur du nombre d'onde dans la zone du défaut est ≈ 1500 m^{-1} correspondant à une épaisseur d'environ $h' = 0{,}6$ mm).

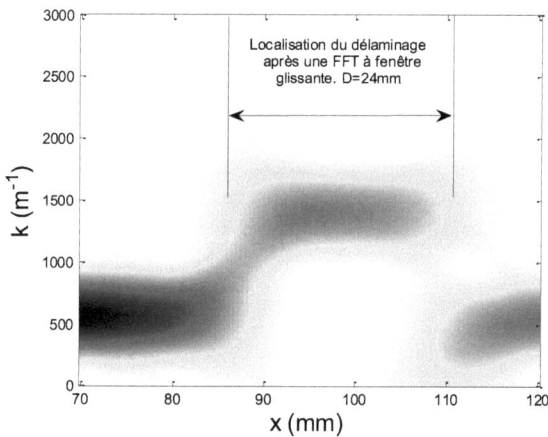

Figure 2.9: Transformée de Fourier à fenêtre glissante de l'image $s(x, f)$. Localisation du délaminage après un fort changement du nombre d'onde k.

2.3.2.2 Défaut à l'interface peau-nid d'abeille

Hormis le délaminage, d'autres types de défauts peuvent apparaitre au sein des matériaux composites sandwichs. On peut envisager un mauvais collage au niveau de l'interface peau-nid d'abeille, un oubli d'arracher le séparateur adhésif, entre autres lors de la mise en forme ou bien même des cassures de cellules du nid d'abeille lors de la mise en service du matériau. Afin de mettre en évidence un défaut d'adhésion par la simulation numérique, une modélisation de structure sandwich est réalisée avec un défaut matérialisé par l'absence de parois verticales simulant le nid d'abeille. Contrairement au délaminage, c'est ici au niveau de l'interface que la caractérisation sera faite. Dans un premier temps, une étude du comportement de l'onde de Lamb A_0 sur une structure sandwich « saine » (Figure 2.10 (a)) est réalisée. Dans ce cas de figure, le collage est considéré parfait, sans cassure du nid d'abeille et avec une épaisseur de colle négligeable. Dans un second temps, on observe le comportement du même mode de Lamb dans la structure considérée « défectueuse » (Figure 2.10 (b)).

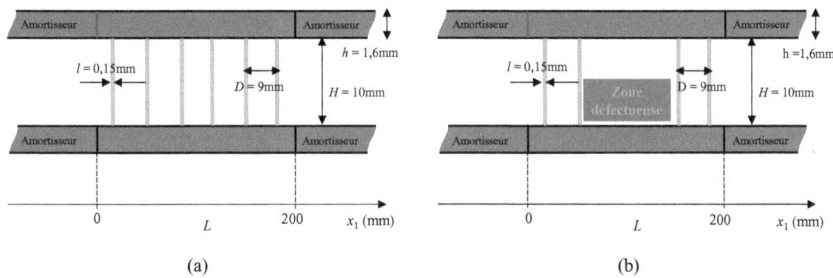

Figure 2.10: Modélisation 2D de matériaux sandwichs. Structure "saine" (a) et "défectueuse", i.e. avec défaut d'adhésion (b).

La simulation est réalisée en utilisant les déplacements théoriques du mode de Lamb A_0 mais cette fois-ci à $f = 550$ kHz. Nous avons choisi d'augmenter en fréquence (donc de diminuer en longueur d'onde) afin de mieux voir le comportement de l'onde avec les montants du nid d'abeille. Nous procédons encore de la même façon en recueillant les déplacements normaux en surface dans les zones d'étude allant cette fois-ci de 60 à 130 mm pour en fabriquer des images spatio-temporelles $s(x, t)$. On effectuera aussi les mêmes traitements des signaux que dans le cas d'un défaut de type délaminage, notamment l'opération de transformée de Fourier à fenêtre glissante décrite précédemment.

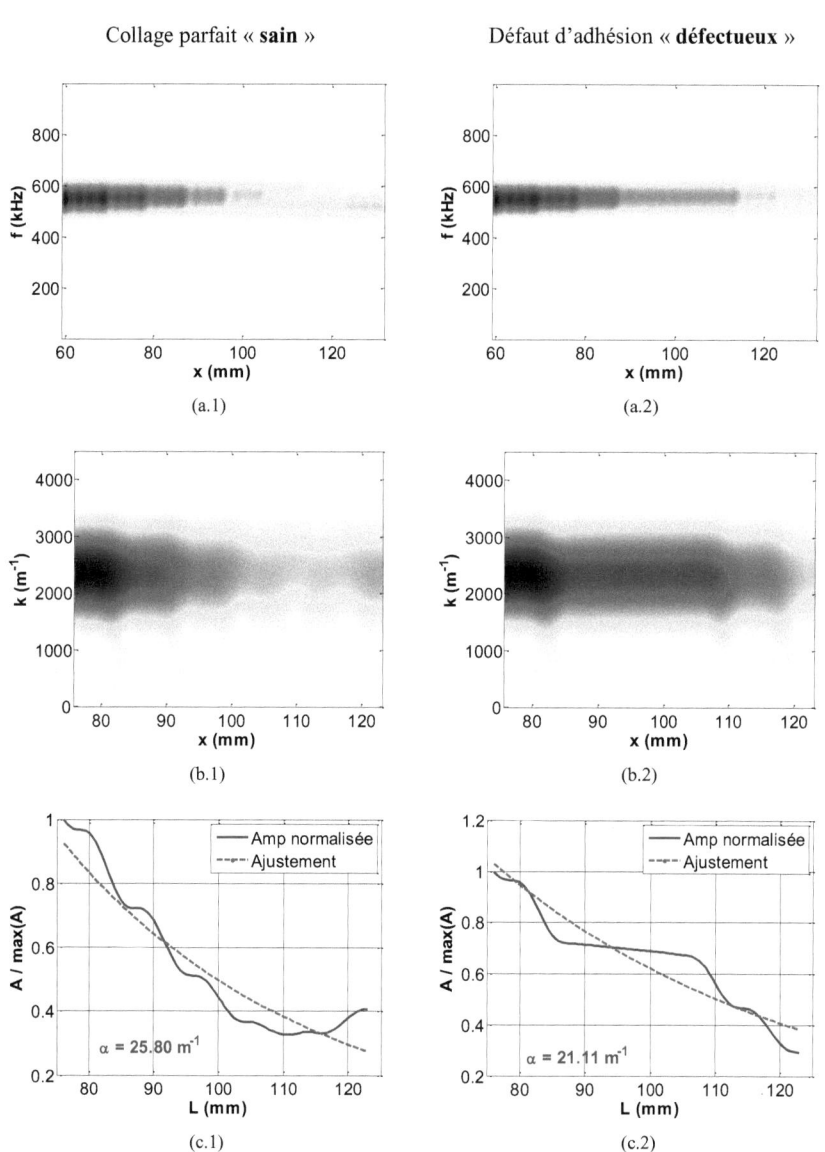

Figure 2.11: Étapes successives du traitement des signaux temporels pour la mise en évidence du défaut de collage. Spectres (b.1-2), FFT à fenêtre glissante (b.1-2) et atténuation en amplitude du mode A_0 à f = 550 kHz (c.1-2)

Sur la Figure 2.11 (b.1-2), on note une évolution constante du nombre d'onde k en fonction de la distance de propagation. On peut déjà observer que l'amplitude de l'onde décroit plus fortement en présence des parois du nid d'abeille, donc dans la structure « saine » alors que dans l'autre cas (structure « défectueuse »), on note une quasi-constance de l'amplitude de l'onde dans la zone où il n'y a plus de contact parfait entre les parois du nid d'abeille et la peau composite monolithique. Afin d'avoir une idée sur le défaut, on se propose d'évaluer l'atténuation en amplitude de l'onde A_0 en relevant l'amplitude normalisée $A_{norm}(x)$ dans les deux cas. Usuellement, une atténuation suit une loi de forme exponentielle décroissante, du type suivant :

$$A_{norm}(x) = A_{norm,0} \cdot e^{-\alpha \cdot d} \tag{2.33}$$

avec :

$d = x - x_0$: Distance de propagation, x_0 étant la position où commence l'ajustement de la décroissance en amplitude (x_0 = 75 mm) et x étant la position considérée.

α : Coefficient d'atténuation exprimé en Np.m^{-1}.

$A_{norm,0}$: Amplitude normalisée de référence valant 1.

Dans ces conditions, on note une décroissance moins rapide dans le cas du défaut (absence de montants). En effet, lorsque l'onde arrive au niveau des jonctions avec le nid d'abeille, une partie est réfléchie, une autre transmise au niveau des cellules, d'où une atténuation plus importante dans le cas « sain » (α = 25,80 Np.m^{-1}) que dans le cas « défectueux » (absence de quelques montants et α = 21,11 Np.m^{-1}).

2.4 Conclusion

Les ondes de Lamb ont été définies dans cette partie. Nous avons utilisé les éléments théoriques dans le modèle de simulation par éléments finis, notamment pour générer un mode donné à une fréquence particulière, mais aussi pour vérifier que les modes qui se propagent correspondent bien à des modes de Lamb. La simulation numérique par éléments finis s'avère être un outil adapté de prédiction ou de vérification de résultats expérimentaux ou théoriques. Les possibilités de modélisation de propagation d'ondes dans des matériaux anisotropes comme les composites a été largement montrée. De nombreuses simulations ont permis de générer des ondes interférant avec différents types de défauts dans la peau ou à l'interface entre la peau et le nid d'abeille. La propagation du mode de Lamb A_0 généré à partir de ses déplacements théoriques à la fréquence f = 100 kHz a permis de détecter un délaminage au sein de la peau supérieure de l'échantillon sandwich G02. De plus, un défaut matérialisé par une cassure du nid d'abeille a été mis en évidence aussi par propagation du mode A_0 à f = 550 kHz au moyen de différents traitements de signaux appliqués successivement. Dans ce cadre, des conversions de modes peuvent être observés. La simulation par éléments finis a permis de montrer l'intérêt des ondes de Lamb pour l'inspection de structures composites telles qu'un composite à nid d'abeille. Dans le chapitre suivant, nous allons nous attacher à vérifier ces résultats par l'expérimentation.

2.5 Références

[1]   Y. Koh, W. Chiu, and N. Rajic, "Integrity assessment of composite repair patch using propagating Lamb waves," *Composite Structures*, vol. 58 (3), pp. 363–371, 2002.

[2]   N. Toyama, J. Noda, and T. Okabe, "Quantitative damage detection in cross-ply laminates using Lamb wave method," *Composites Science and Technology*, vol. 63, pp. 1473–1479, 2003.

[3]   S. Yuan, L. Wang, and G. Peng, "Neural network method based on a new damage signature for Structural Health Monitoring," *Thin-Walled Structures*, vol. 43 (4), pp. 553–563, 2005.

[4]   M. D. Rogge and C. Leckey, "Characterization of impact damage in composite laminates using guided wavefield imaging and local wavenumber domain analysis," *Ultrasonics*, vol. 53, pp. 1217–1226, 2013.

[5]   M. Castaings and B. Hosten, "Lamb and SH waves generated and detected by air-coupled ultrasonic transducers in composite material plates," *NDT & E International*, vol. 34 (4), pp. 249–258, 2001.

[6]   Z. Su, C. Yang, N. Pan, L. Ye, and L.-M. Zhou, "Assessment of delamination in composite beams using shear horizontal (SH) wave mode," *Composites Science and Technology*, vol. 67 (2), pp. 244–251, 2007.

[7]   B. LeCrom and M. Castaings, "Shear horizontal guided wave modes to infer the shear stiffness of adhesive bond layers," *J. Acoust. Soc. Am.*, vol. 127 (4), pp. 2220–2230, 2010.

[8]   E. Le Clézio, *Diffraction des ondes de Lamb par des fissures verticales*, Thèse de doctorat (http://grenet.drimm.u-bordeaux1.fr/pdf/2001/LE_CLEZIO_EMMANUEL_2001.pdf), Université Bordeaux 1, N° d'ordre 2472, 2001.

[9]   W. Press, S. Teukolsky, and B. Flannery, *Numerical recipes in C - The art of scientific computing*. Press 2nd ed., 1997.

[10]   C. Ramadas, K. Balasubramaniam, A. Hood, M. Joshi, and C. Krishnamurthy, "Modelling of attenuation of Lamb waves using Rayleigh damping: Numerical and experimental studies," *Composite Structures*, vol. 93 (8), pp. 2020–2025, 2011.

[11]   R. Basri and W. Chiu, "Numerical analysis on the interaction of guided Lamb waves with a local elastic stiffness reduction in quasi-isotropic composite plate structures," *Composite Structures*, vol. 66, pp. 87–99, 2004.

[12]   C. Yang, L. Ye, Z. Su, and M. Bannister, "Some aspects of numerical simulation for Lamb wave propagation in composite laminates," *Composite Structures*, vol. 75, pp. 267–275, 2006.

[13]   C. Ramadas, K. Balasubramaniam, M. Joshi, and C. Krishnamurthy, "Numerical and experimental studies on propagation of A_0 mode in a composite plate containing semi-infinite delamination: Observation of turning modes," *Composite Structures*, vol. 93 (7), pp. 1929–1938, 2011.

[14]   J. S. Kim, L. Arronche, A. Farrugia, A. Muliana, and V. L. Saponara, "Multi-scale modeling of time-dependent response of smart sandwich constructions," *Composite Structures*, vol. 93 (9), pp. 2196–2207, 2011.

[15]   T. Hayachi and K. Kawashima, "Multiple reflections of Lamb waves at a delamination.," *Ultrasonics*, vol. 40, pp. 193–197, 2002.

[16]   G. R. Liu and J. D. Achenbach, "Strip element method for stress analysis of anisotropic linearly elastic solids," *Journal of Applied Mechanics*, vol. 61 (2), pp. 270–277, 1994.

[17]   G. R. Liu, Z. Xi, K. Lam, and H. M. Shang, "A strip element method for analyzing wave scattering by a crack in an immersed composite laminate," *Journal of Applied Mechanics*, vol. 66 (4), pp. 898–903, 1999.

[18]   N. Chakraborty, V. Rathod, D. R. Mahapatra, and S. Gopalakrishnan, "Guided wave based detection of damage in honeycomb core sandwich structures," *NDT&E International*, vol. 49, pp. 27–33, 2012.

[19]   S. M. Hosseini, A. Kharaghani, C. Kirsch, and U. Gabbert, "Numerical simulation of Lamb wave propagation in metallic foam sandwich structures: a parametric study," *Composite Structures*, vol. 97, pp. 387–400, 2013.

[20]   S. Mustapha, L. Ye, D. Wang, and Y. Lu, "Assessment of debonding in sandwich CF/EP composite beams using A_0 Lamb wave at low frequency," *Composite Structures*, vol. 93 (2), pp. 483–491, 2011.

[21]   H. Lamb, "On waves in an elastic plate," *Proceedings of the Royal Society*, vol. A93, pp. 114–128, 1917.

[22]   I. A. Viktorov, *Rayleigh and Lamb waves*. Plenum Press, New York, 1967.

[23]   A. Nayfeh and D. Chimenti, "Free wave propagation in plate of general anisotropic media," *Journal of Applied Mechanics*, vol. 56, pp. 881–886, 1989.

[24]   G. Beer and J. Watson, *Introduction to Finite Element and Boundary Element Methods for Engineers*, pp. 1–9. 1992.

[25]   F. Harris, "On the use of windows for harmonic analysis with the discrete Fourier transform," *Proceedings of the IEEE*, vol. 66, pp. 51–83, 1978.

[26]   L. Martinez, B. Morvan, and J.-L. Izbicki, "Short space-time-wave number-frequency analysis of Lamb wave propagation and conversion at the edge of a plane plate," in *Proceedings of the World Congress on Ultrasonics WCU 2003, Paris, France, 7-10 September*, 2003.

Chapitre 3 Étude expérimentale de la propagation d'ondes de Lamb dans les structures composites et sandwichs : émission contact et détection par interférométrie laser dans l'air.

3.1 Introduction

De nombreux travaux sur l'utilisation des ondes de Lamb comme moyen d'investigation expérimental des composites ont été menés jusqu'à ce jour [1, 2, 3, 4, 5, 6]. Pour les structures sandwichs par exemple, les composantes, âme (nid d'abeille ou mousse) et peau (plaque monolithique) sont différentes l'une de l'autre à cause des fonctions spécifiques qu'elles doivent assurer. L'impédance acoustique de l'âme est beaucoup plus faible que celle des peaux composites et de plus le grand rapport des épaisseurs de l'âme et des peaux permet de considérer la propagation des ondes de Lamb seulement au niveau d'une peau [7]. Diamanti et Soutis [8, 5] ont expérimentalement étudié la possibilité d'utiliser des ondes de Lamb à basse fréquence pour détecter les dommages dans les poutres sandwich, via une analyse des temps de vols. Thwaites et al [9] ont mesuré la vitesse de phase dans la gamme de fréquences comprises entre 5 kHz et 50 kHz pour détecter un décollement dans des structures composites en sandwich en accédant à un seul côté de la structure. Qi et al. [10] ont eux aussi étudié l'effet d'un décollement dans une structure sandwich sur l'onde guidée par ultrasons. Il a été démontré que les ondes de Lamb sont sensibles à la détection de décollements, ce qui donne une estimation quantitative de la décohésion par l'étalonnage de l'énergie des signaux d'ondes reçus après interaction avec le décollement. Guo et Cawley [11, 12], Valdes et Soutis [13] ont détecté des délaminages dans des stratifiés en carbone/époxy par une onde réfléchie sur le bord de ces types de défauts, et ont également réussi à déterminer leurs emplacements en utilisant le temps d'arrivée de l'onde réfléchie. Cependant, une onde réfléchie n'est souvent pas clairement détectable parce que son amplitude est réduite en raison de la dispersion au niveau du bord du délaminage. Le vieillissement des composites peut être aussi évalué par propagation d'ondes de Lamb en détectant des impacts provoquant des réductions locales de rigidité. Des études menées par Tang et Henneke [14], par Dayal et Kinra [15], par Seale et al. [16] ou encore par Toyama et al. [17] ont permis de détecter des fissures transversales dans des stratifiés en carbone/époxy illustré par une réduction de la vitesse des ondes de Lamb due à une perte de raideur. Sur la base de leurs études, la mesure de la vitesse des ondes de Lamb permet d'évaluer quantitativement le vieillissement dans les stratifiés composites.

Dans le chapitre précédent, nous avons montré par la simulation numérique que les ondes de Lamb peuvent être utilisées comme moyen de contrôle de structures composites permettant de détecter des défauts tels que des délaminages, des défauts d'adhésion au niveau des interfaces. Dans ce chapitre nous présentons la méthode de la génération d'onde de Lamb par contact avec un coin solide et la détection par interférométrie laser dans l'air dans un contexte d'évaluation et de caractérisation non destructive. Le vieillissement peut aussi être évalué par propagation de ces types d'ondes. Afin de valider ces modèles de prédiction numérique, des échantillons de matériaux composites monolithiques et sandwichs sont testés.

3.2 Dispositif expérimental

Une des techniques expérimentales de mesures d'ondes de Lamb est la génération par contact et la détection par interférométrie laser (Figure 3.1). Un signal (impulsion ou *burst*) au préalable amplifié est envoyé au transducteur piézoélectrique *Krautkramer*® de fréquence centrale 1 MHz. Ce dernier est solidaire d'un sabot en plexiglas d'un angle d'inclinaison $\theta = 30$, 45 ou 60° par rapport à la normale de la surface de la structure (plaque ou sandwich) avec laquelle il est en contact. L'ensemble est mis en contact via un gel de couplage qui assure la transmission des ondes ainsi générées à la structure. L'angle d'inclinaison du sabot permet d'obtenir l'onde de Lamb souhaitée lorsque que l'on est en régime quasi-harmonique. La loi de Snell-Descartes s'applique et permet de déterminer la vitesse de phase du mode de Lamb à l'interface sabot/composite.

$$V_{Lamb} = \frac{V_{plexi}}{\sin \theta} \tag{3.1}$$

où V_{plexi} est la vitesse de l'onde longitudinale dans le plexiglas, θ est l'angle d'incidence de l'onde émise dans le sabot avec la normale de la plaque à inspecter. Précédemment, le tracé de l'évolution de la vitesse de phase des ondes de Lamb en fonction de la fréquence a montré théoriquement les modes susceptibles d'être guidés en fonction d'un angle de sabot donné. Ainsi pour un angle d'incidence θ donné, la fréquence à laquelle un mode est détecté permet de déterminer duquel il s'agit. Dans le cas d'une impulsion, tous les modes ayant une vitesse de phase en accord avec l'angle du sabot pourront être générés (dans la bande passante du transducteur). Ainsi l'onde générée se déplace dans la structure et le suivi de la propagation peut s'effectuer. L'interférométrie laser (méthode optique de détection) présente a priori l'avantage d'un examen local, sans contact mécanique, dans une bande passante très large. Un vibromètre ou vélocimètre laser est utilisé, et permet la mesure du déplacement mécanique normal à la surface aussi bien en régime permanent que transitoire. L'interféromètre laser utilisé durant toutes les manipulations est le *Polytec OFV-505*® avec un décodeur ultrasensible permettant d'effectuer des relevés sur des structures planes moins « polies » ou réfléchissantes, y compris des matériaux composites présentant parfois des rugosités de surface de type telegraphing. Les différentes gammes que possède le décodeur permettent de détecter très finement des vitesses de vibration à la surface en se limitant à 250 kHz (que nous utiliserons en grande partie pour inspecter les sandwichs) ou bien d'élargir la bande passante en contrepartie d'une moins bonne détection (propagation sur une plaque composite). Pour le suivi de la propagation, une translation motorisée suivant l'horizontale est effectuée sur la structure suspendue verticalement. Le faisceau laser est donc perpendiculaire au point d'impact et la mesure des déplacements normaux en surface est réalisée sous forme de relevés temporels.

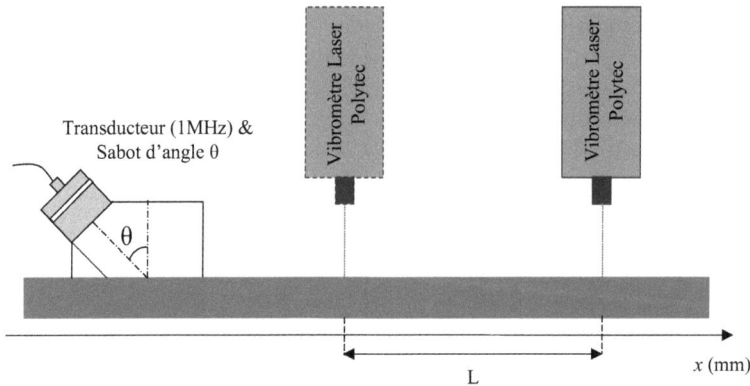

Figure 3.1: Principe d'émission-réception d'ondes de Lamb : dispositif de génération par contact et détection par interférométrie laser sur une longueur L selon l'axe x.

Par la suite, cette méthode par interférométrie laser sera utilisée pour :

• Observer les ondes de Lamb susceptibles de se propager dans une plaque composite d'épaisseur $h = 1,6$ mm.

• Effectuer la caractérisation du collage de structures sandwichs au niveau des interfaces composite/colle et nid d'abeille/colle via le mode A_0 à basse fréquence (100 kHz).

• Caractériser un délaminage via le mode A_0 à basse fréquence (100 kHz).

• Mettre en évidence le vieillissement en propageant le mode de Lamb sur les plaques vieillies HS (cf. Tableau 3.3 du chapitre).

Au fur et à mesure, une confrontation des résultats obtenus par interférométrie laser est faite avec les prévisions.

3.3 Propagation d'ondes de Lamb dans une « peau » composite

Dans le chapitre précédent, la simulation de la propagation d'ondes de Lamb dans des structures élastiques a été étudiée. Dans cette partie, on essaye de montrer comment en réalité les ondes de Lamb se comportent dans une plaque composite orthotrope. On confrontera les résultats trouvés avec la simulation. En effet la plaque en question étudiée G07 (définie précédemment) fait partie du même échantillon que les plaques utilisées pour concevoir les peaux des matériaux sandwichs que nous étudierons dans la suite. Les propriétés intrinsèques de la plaque telles que la masse volumique et l'épaisseur sont consignées dans le Tableau 2.1 du chapitre 2 et les constantes élastiques seront évaluées dans la suite.

Afin de générer les modes de Lamb en contact, on utilise un transducteur piézoélectrique *Krautkramer*® de fréquence centrale 1 MHz et un sabot en plexiglas d'angle d'inclinaison $\theta = 45°$. Le signal d'émission est une impulsion envoyée au transducteur dont la réponse couvre la bande passante du transducteur centrée autour de 1 MHz. Dans ces conditions toutes les ondes de Lamb présentes en théorie dans le domaine fréquentiel sont générées. Les déplacements en surface de la plaque composite sont relevés par interférométrie. Afin de relever toutes les ondes en présence, le décodeur est programmé pour couper les fréquences au-delà de 1,5 MHz. Dès lors, tout mode de Lamb dont la fréquence d'apparition est inférieure à cette valeur est détectable. Pour des raisons de stabilité du système laser, un déplacement de la tête du décodeur est effectué sur $L = 40$ mm, l'ensemble en contact {transducteur + plaque} restant fixe. Un pas de translation régulier $\Delta x = 0,1$ mm est choisi, pour lequel un signal temporel codé sur 10 bits est relevé et visualisé sur un oscilloscope *Yokogawa*®. Ainsi donc 401 acquisitions sont réalisées, avec un nombre de points suffisant pour les futurs traitements fréquentiels. Ainsi, pour une durée du signal de 100 µs et une fréquence d'échantillonnage de 100 MHz, 10000 points sont suffisants. Afin d'améliorer le rapport signal sur bruit, une moyenne est effectuée sur 256 acquisitions successives.

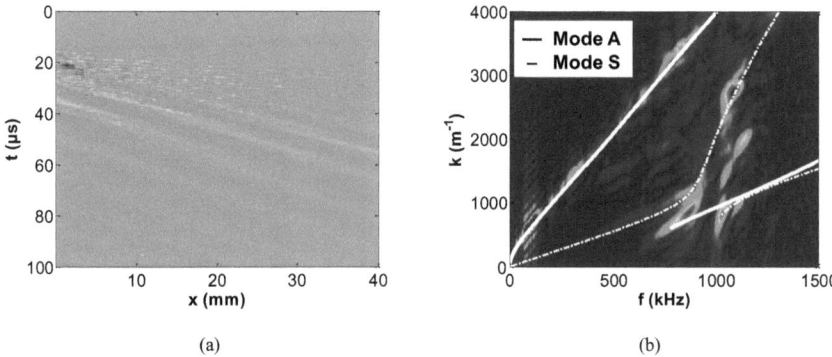

Figure 3.2: Propagation d'ondes de Lamb dans une plaque composite orthotrope d'épaisseur $h = 1,6$ mm. Excitation impulsionnelle, (a) image spatio-temporelle et (b) identification des ondes en présence avec une superposition des courbes de dispersion théoriques.

3.4 Propagation et détection pour le contrôle de l'adhésion de structures sandwichs

Les plaques sandwichs avec ou sans défauts de collage, sont décrites dans le Tableau 3.1 ci-après.

Échantillon	Matériau	Défaut	Emplacement
G01	Sandwich	Sans défaut	
G02	Sandwich	Teflon® dans une peau $D = 24$mm	
G03	Sandwich	Adhésif poinçonné $D = 24$mm	
G04	Sandwich	Séparateur adhésif $D = 24$mm	Entre adhésif et nid d'abeille
G05	Sandwich	Séparateur adhésif $D = 24$mm	Entre adhésif et peau
G06	Sandwich	Teflon® dans adhésif $D = 24$mm	A la place de l'adhésif
G07	Peau ([0, +45, −45, 90, 0], 4 plis de carbone et 1 pli de verre	Peau seule sans défaut	

Lot G : la lettre G est attribuée à ce lot d'échantillons de plaques composites constitué d'une plaque monolithique (G07) utilisée comme peau dans les autres plaques sandwichs (G01, G02, G03, G04, G05 et G06).

Tableau 3.1: Récapitulatif et description des différents matériaux du lot G (sandwichs et monolithique) pour la caractérisation du collage. Données selon le fabriquant des échantillons.

Dans cette partie, le comportement des ondes de Lamb dans les structures sandwichs est étudié. Dans un premier temps, la périodicité des cellules du nid d'abeille dans un sandwich « sain » (plaque G01) est mise en évidence, puis comparé avec le comportement des ondes de Lamb vis-à-vis d'un défaut d'adhésion (plaques G02 à G06). Des confrontations avec les résultats obtenus par la simulation numériques sont effectuées si nécessaire.

3.4.1 Propagation sur une plaque sandwich sans défaut

La courbe de dispersion des ondes de Lamb (Figure 3.2) pour une plaque considérée comme peau pour les sandwichs illustre la prédominance du premier mode antisymétrique A_0 vers les basses fréquences. Dès lors, en se fixant une fréquence particulière pour ce mode A_0, un suivi par interférométrie laser peut donner des informations très intéressantes. Ainsi, ce mode est généré avec une excitation quasi-harmonique en utilisant un *burst* de 10 périodes enveloppé dans une fenêtre de type trapèze qui permet de supprimer les discontinuités à ses extrémités et de centrer le spectre à la fréquence de travail $f = 170$ kHz. La Figure 3.3 ci-dessous illustre ce signal d'émission.

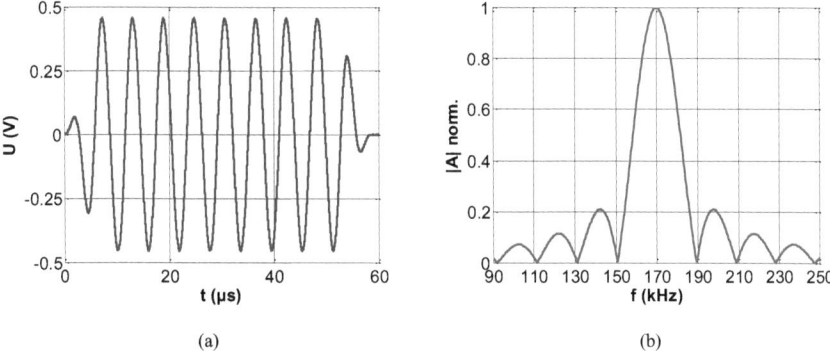

(a)   (b)

Figure 3.3: U (V) : signal d'émission burst de 10 périodes d'une durée de 60 µs. (a) amplitude du signal en fonction du temps et (b) spectre centré à 170 kHz avec $|A|$ norm. le module normalisé de la FFT.

Ce signal est délivré par un générateur de signaux arbitraires $Agilent^©$ 33220A puis amplifié pour ensuite être envoyé au même transducteur fixé sur le sabot en plexiglas d'angle d'inclinaison $\theta = 45°$. Le même dispositif de détection est utilisé et les signaux temporels acquis avec l'oscilloscope $Yokogawa^®$ sont stockés dans un ordinateur pour les traitements à suivre. Cette fois-ci on a limité la fréquence du décodeur à 250 kHz pour obtenir une meilleure sensibilité pour la détection.

3.4.1.1 Acquisition et traitement des signaux

Les acquisitions des signaux temporels sont faites sur une distance de 60 mm. Afin d'avoir un même dispositif de mesure sur toutes les plaques, la propagation se fait sur 30 mm de part et d'autre du centre des plaques, i.e. de −30 mm à +30 mm. Nous procédons ainsi car les défauts dans les autres plaques sont insérés volontairement par le fabricant à ce niveau et à des positions différentes suivant l'épaisseur. L'ensemble {sabot + transducteur} est maintenu sur la plaque G01 à 50 mm du centre, donc le mode de Lamb A_0 ainsi généré est suivi à partir de −30 mm si l'on considère un axe et un sens de propagation suivant le lobe principal du faisceau généré (Figure 3.3 (b)). Le pas de translation de la tête laser est constant avec $\Delta x = 0,1$ mm, ce qui engendre un nombre de relevés égal à 601 acquisitions temporelles. On effectue le même traitement des signaux que pour les simulations de la propagation des ondes de Lamb. Les signaux sont séparés puis filtrés pour d'éventuels traitements fréquentiels. Les résultats obtenus sont illustrés au niveau de la Figure 3.4 ci-dessous.

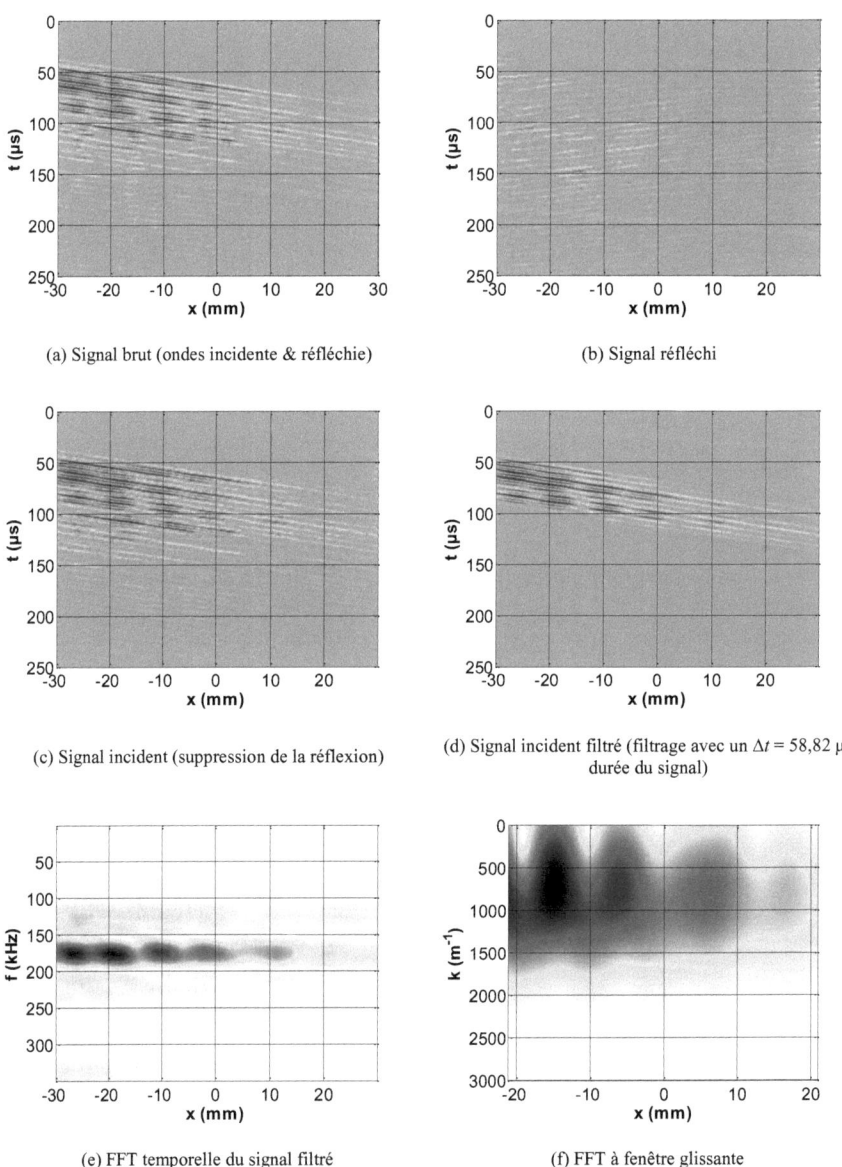

Figure 3.4: **Visualisation de la propagation du mode de Lamb A_0 à f = 170 kHz. Séparation et filtrage des images spatio-temporelles avec un même niveau d'amplitude puis traitements fréquentiels.**

L'image de départ (signal brut) obtenue en concaténant tous les relevés temporels de $x = -30$ à $+30$ mm regroupe en effet les ondes A_0 incidente et réfléchie. À la fréquence $f = 170$ kHz seuls les deux premiers modes fondamentaux existent et on note une prépondérance du mode A_0 par rapport au mode S_0 (voir les courbes de dispersion expérimentales). Afin de suivre l'évolution de l'amplitude de l'onde A_0 au cours de la propagation, une première 2D-FFT est réalisée et traitée pour séparer l'onde incidente et l'onde réfléchie, puis ramenée par la transformation inverse (2D-iFFT). Ces transformations permettent de séparer les deux ondes A_0 incidente et réfléchie (Figure 3.4 (b) et (c)). Dans la suite, l'onde incidente est filtrée en prenant en compte la durée du *burst* $\Delta t = 58{,}82$ μs puis une FFT temporelle lui est appliquée (Figure 3.4 (d) et (e)). Comme dans le chapitre précédent, afin d'estimer l'atténuation en amplitude du mode de Lamb A_0 au cours de sa propagation, une FFT à fenêtre glissante est appliquée à l'image $s(x, f)$ pour se retrouver dans l'espace (x, k). La Figure 3.5 ci-après montre l'évolution de l'amplitude de l'onde sur la distance de propagation x. Cette évolution de l'amplitude renseigne aussi sur le milieu traversé (jonction avec le nid d'abeille) pour caractériser le collage. En effet, deux ondes réfléchies s_1 et s_2 relevées successivement aux positions x_1 et x_2 sur la même cloison du nid d'abeille s'écrivent respectivement :

$$\begin{cases} s_1 = s(x_1, t) = A_1 e^{-j(k_{A0} x_1 + 2\pi f t + \phi)} \\ s_2 = s(x_2, t) = A_2 e^{-j(k_{A0} x_2 + 2\pi f t + \phi)} \end{cases} \quad (3.2)$$

Où A_1 et A_2 représentent les amplitudes des signaux réfléchis s_1 et s_2, k_{A0} le nombre d'onde du mode A_0. Le mode de Lamb A_0 se propageant est en effet une onde plane et harmonique ($f = 170$ kHz). La longueur d'onde incidente $\lambda_{A0} = 7{,}9$ mm (d'après les courbes de dispersion d'une « peau », $k_{A0} = 793$ m^{-1}), elle est du même ordre de grandeur et légèrement inférieure à la dimension d'une cellule du nid d'abeille D. Dans ces conditions, l'onde incidente va être perturbée à chaque passage au niveau des montants du nid d'abeille et ceci va créer une rupture dans la propagation de l'onde (Figure 3.4 (f) et Figure 3.5 (b)).

3.4.1.2 Périodicité spatiale des cellules du nid d'abeille

Le nid d'abeille utilisé lors de la conception des panneaux sandwichs avec défauts collage est en alliage d'aluminium, de même que pour les panneaux sandwichs vieillis. La taille des cellules hexagonales (alvéoles) du nid d'abeille est d'environ 9 mm et les montants ou parois sont très fines ($\approx 0{,}15$ mm d'épaisseur). Le matériau sandwich avant qu'il ne soit mis en service subit généralement des cycles thermiques de polymérisation lors de sa conception à des pressions allant de 2,5 à 7 bars. L'ancrage du nid d'abeille lors de la mise en forme peut engendrer une déformation permanente de ce dernier, et peut être accentuée lors de la fermeture du sandwich (réalisation d'une peau surmoulée). Dès lors, le suivi de la propagation d'ondes de Lamb peut renseigner sur la distance de propagation. Ainsi, la méthode de suivi du mode A_0 (à 170 kHz) permet de décrire la zone de collage de la plaque G01 considérée comme « saine ». Le signal incident filtré, est utilisé pour évaluer l'atténuation en amplitude du mode A_0 au niveau des montants du nid d'abeille. Le traitement fréquentiel effectué est le même que dans le cas des simulations (Figure 3.4). On vérifie bien que l'onde A_0 a été générée à 170 kHz et que des lobes secondaires apparaissent du fait de la FFT et du fenêtrage du signal (sinus). La représentation dans le plan (x, k) après la FFT à fenêtre glissante ne montre aucune discontinuité du nombre d'onde, donc aucune rupture d'impédance. Ceci caractérise une bonne adhésion entre la peau composite et le nid d'abeille en aluminium.

Cependant, on peut vérifier la régularité des parois de chaque cellule du nid d'abeille. Pour cela, une représentation de la moyenne du module du nombre d'onde k en fonction de la distance s'impose. Dans ces conditions, deux informations peuvent être extraites : le coefficient d'atténuation en amplitude α et la taille réelle des cellules du nid d'abeille D.

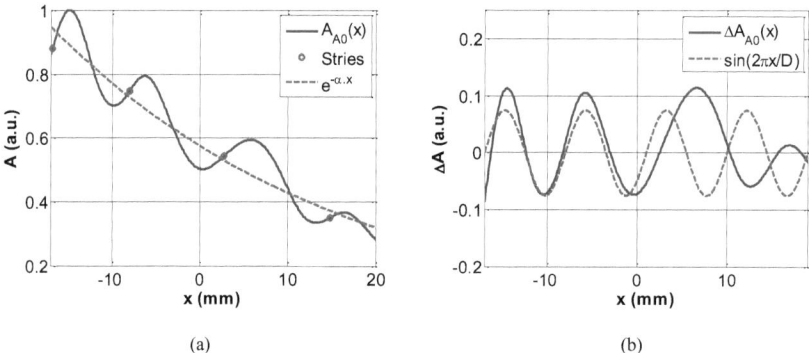

Figure 3.5: Atténuation en amplitude du mode A_0 relevée expérimentalement : (a) décroissance exponentielle, position des parois du nid d'abeille et fit exponentiel, (b) périodicité spatiale du signal qui en résulte après soustraction de l'atténuation dans la peau composite.

Le coefficient d'atténuation α a été évalué à 25 Np.m^{-1} après un ajustement exponentiel de la décroissance de l'amplitude. Dans la section précédente, l'hypothèse était émise que les cloisons du nid d'abeille constituaient une « fenêtre » créant des ruptures lors de la propagation. Ces ruptures sont périodiques de période spatiale D. La FFT spatiale de l'onde incidente fait apparaitre une modulation du signal sous la forme d'un sinus cardinal dans le cas d'une excitation impulsionnelle. Dans notre cas d'étude, en régime harmonique donc, l'atténuation en amplitude du mode A_0 est due à la peau composite prise séparément et aux montants du nid d'abeille. En soustrayant l'atténuation due seulement au composite, on trouve une fonction pseudopériodique $\Delta A_{A0}(x)$ (Figure 3.5). Cette fonction renseigne sur la disposition des montants lors de la propagation : entre $x = -20$ et $x = -1$ mm ; deux oscillations quasi-périodiques permettent de déduire que $D \approx 9$ mm. À partir de la position $x > 0$ mm, on note que la fonction n'est plus périodique illustrant les probables déformations (écrasements) des cellules. La Figure 3.6 illustre cela et une cartographie de type C-scan permet de mieux visualiser ce qui se passe au niveau de l'interface composite/colle/nid d'abeille (voir le chapitre 4 suivant).

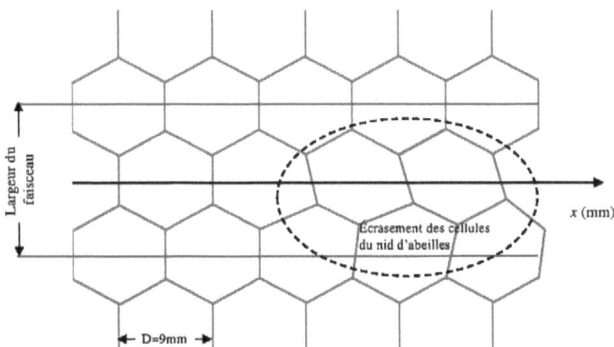

Figure 3.6: Forme des cellules du nid d'abeille après la co-cuisson en autoclave des matériaux sandwichs pouvant être mise en évidence.

3.4.2 Propagation sur des plaques sandwichs avec défauts

Comme l'ont illustré les simulations (chapitre 2), les ondes de Lamb constituent un moyen d'investigation expérimentale pour la détection de défauts diffus tels que les délaminages dans les peaux composites ou les inclusions par exemple. Les plaques sandwichs testées sont issues du lot G (Tableau 3.1). Au chapitre 2, le dimensionnement et la position d'un délaminage dans une peau sandwich ont été réalisés à travers la simulation de la propagation d'ondes de Lamb. Par la méthode de la génération par contact et détection par interférométrie laser (Figure 3.1), le comportement du mode A_0 vis-à-vis d'un délaminage est relevé expérimentalement. En outre, des défauts de collage à l'interface peau-nid d'abeille sont caractérisés.

3.4.2.1 Délaminage dans une peau

La plaque G02 tout comme celles du lot G a les dimensions suivantes : $300 \times 200 \times 28$ mm^3. Un défaut a été volontairement inséré dans la peau supérieure entre les plis 3 et 4 pour jouer le rôle de délaminage. Avant les investigations expérimentales, seules ces informations nous ont été fournies par le fabriquant. Afin de pouvoir comparer avec les résultats obtenus par la simulation, le mode de Lamb A_0 est généré à 100 kHz avec un signal *burst* de 10 périodes d'une durée de 100 µs et enveloppé dans une fenêtre de type trapèze. La détection se fait toujours avec le vélocimètre laser *Polytec OFV-5005*®. La Figure 3.7 ci-dessous montre la disposition de la plaque sandwich lors des manipulations. Sur le schéma, on peut bien voir que le défaut est bien centré dans la plaque et que la propagation se fait de part et d'autre de de celui-ci. Les acquisitions se font donc sur une longueur $L = 60$ mm avec un pas de translation de la tête du vélocimètre $\Delta x = 0,1$ mm. Les réglages sont identiques à ceux dans le cas de la propagation sur une plaque sandwich saine.

Chapitre 3 : Étude expérimentale de la propagation d'onde de Lamb dans les structures composites et sandwichs : émission contact et détection par interférométrie laser dans l'air

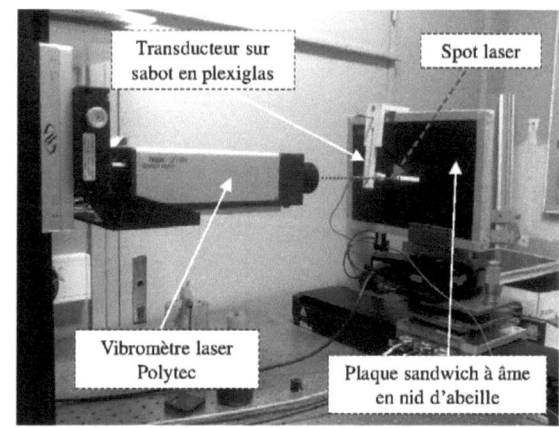

(a)

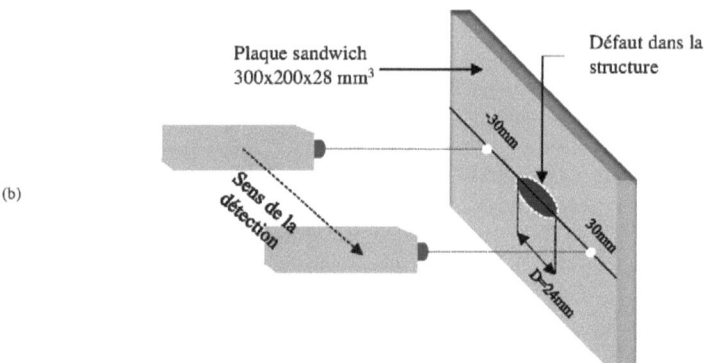

(b)

Figure 3.7: Génération par contact et détection laser du mode de Lamb A_0 sur plaques sandwichs avec défauts. (a) dispositif expérimental et (b) schéma de la manipulation.

Les oscillogrammes ainsi stockés permettent de réaliser la cartographie spatio-temporelle $s(x, t)$ de l'amplitude des vibrations relevées en fonction de la distance de propagation x et du temps t. Sur l'image spatio-temporelle (Figure 3.8 (a)), on peut observer une déviation des fronts d'ondes aux alentours de $x = -13$ mm, constituant un changement de vitesse de phase. Dans cette zone, l'onde A_0 est confinée entre la surface de la peau et le délaminage. À la sortie du défaut, l'onde retrouve sa vitesse de phase initiale, mais elle est fortement atténuée. On peut le voir avec les relevés temporels, l'amplitude de l'onde passe de 0,10 à 0,02 V.

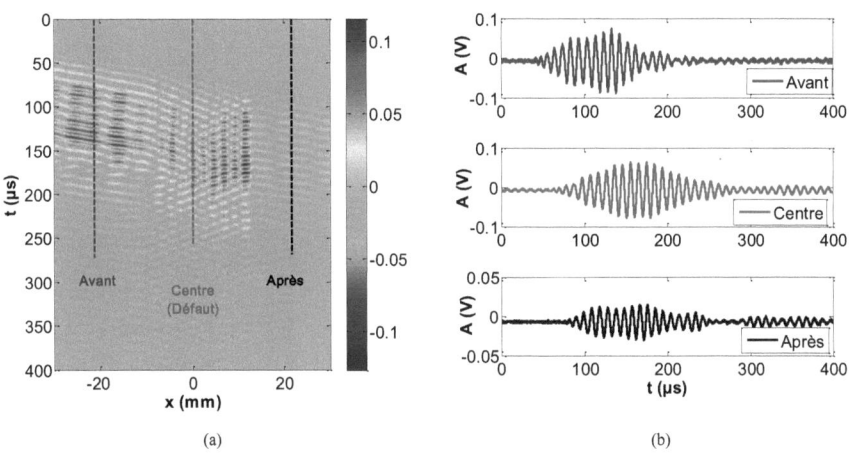

Figure 3.8: Acquisition des signaux temporels sur la plaque sandwich avec un défaut "délaminage". (a) cartographie spatio-temporelle $s(x, t)$ (b) relevés temporels avant, au centre et après le défaut.

On peut cependant quantifier cette atténuation, retrouver la position exacte du délaminage suivant l'épaisseur de la peau et sa longueur D en effectuant les traitements de signaux appropriés décrits précédemment. Dans un premier temps, une 2D-FFT est réalisée sur la cartographie spatio-temporelle afin de séparer le faisceau incident et le faisceau réfléchi. Dans un second temps, le faisceau incident est filtré pour suivre le mode A_0 durant sa propagation. Comme pour la localisation de défaut par la simulation numérique (chapitre 2), une FFT est réalisée pour passer dans l'espace fréquence-distance (f, x), afin d'isoler la composante fréquentielle voulue, puis une FFT à fenêtre glissante pour se retrouver dans l'espace nombre d'onde-distance (k, x) est réalisée.

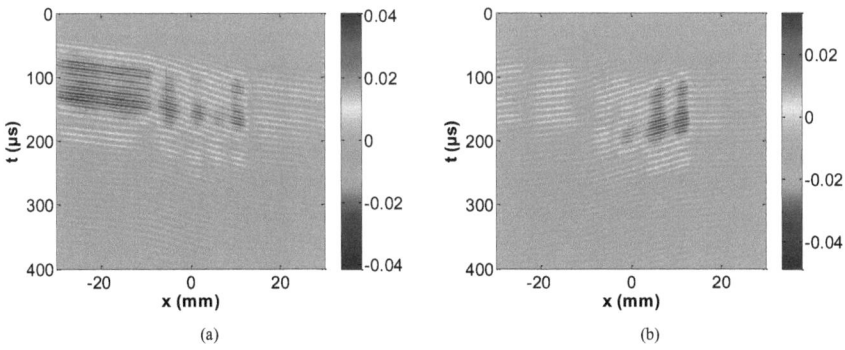

Figure 3.9: Séparation des faisceaux incident et réfléchi. (a) incident (b) réfléchi.

Après la séparation des ondes incidente et réfléchie, la zone du défaut est clairement visible notamment sur l'onde incidente (Figure 3.9 (a)). L'onde réfléchie (Figure 3.9 (b)) illustre également la zone du défaut, dans laquelle on peut observer un changement de pente localement, mais de signe opposé. Bien que théoriquement à cette fréquence de 100 kHz, deux ondes seulement sont présentes (le mode S_0 et le mode A_0 étudié), on observe aussi d'autres modes réfléchis. Ces réflexions correspondent à des interférences entre les ondes au niveau du nid d'abeille comme évoqué précédemment.

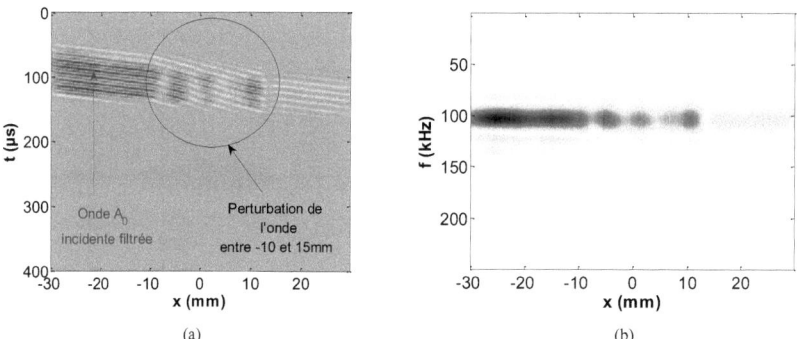

Figure 3.10: Cartographie spatio-temporelle filtrée (a). Spectre à 100 kHz avec décroissance de l'amplitude de l'onde (b).

La FFT à fenêtre glissante permet de localiser plus précisément le défaut suivant l'épaisseur. En effet, les ondes de Lamb étant liées au produit fréquence-épaisseur $f.h$ et connaissant la vitesse de phase du mode A_0 à $f = 100$ kHz, on peut déterminer l'épaisseur h pour un nombre d'onde k donné.

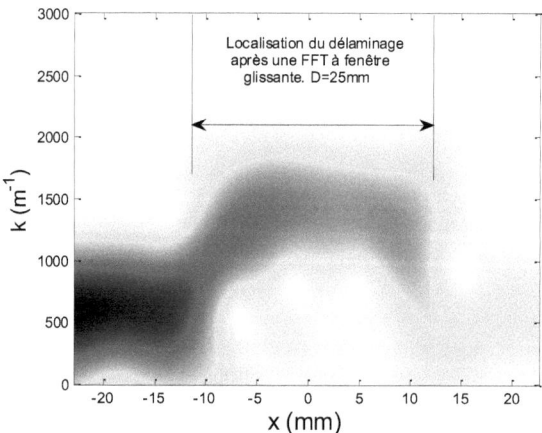

Figure 3.11: FFT à fenêtre glissante de l'image $s(x, f)$. Visualisation du défaut entre $x = -12$ et $+12$ mm.

3.4.2.2 Diffraction par les autres défauts

La propagation du mode Lamb A_0 dans les autres plaques sandwichs avec défauts de collage G04, G05 et G06 doit être semblable à celle sur la plaque G01, dans la mesure où les ondes de Lamb dépendent du produit fréquence-épaisseur. Le même dispositif expérimental est toujours employé et la fréquence de travail est la même (170 kHz). Afin d'estimer la qualité du collage avec les ondes guidées, le comportement du défaut vis-à-vis du mode A_0 est étudié dans cette partie. La représentation du module de la FFT à différentes positions lors de la propagation s'avère intéressante. L'évaluation de la décroissance de l'amplitude du mode selon la distance de propagation x peut être un moyen d'investigation. Des évaluations sont faites à des positions bien particulières : à $x = -20$ mm (avant le défaut), à $x = 0$ mm (centre du défaut) et à $x = +20$ mm (après le défaut).

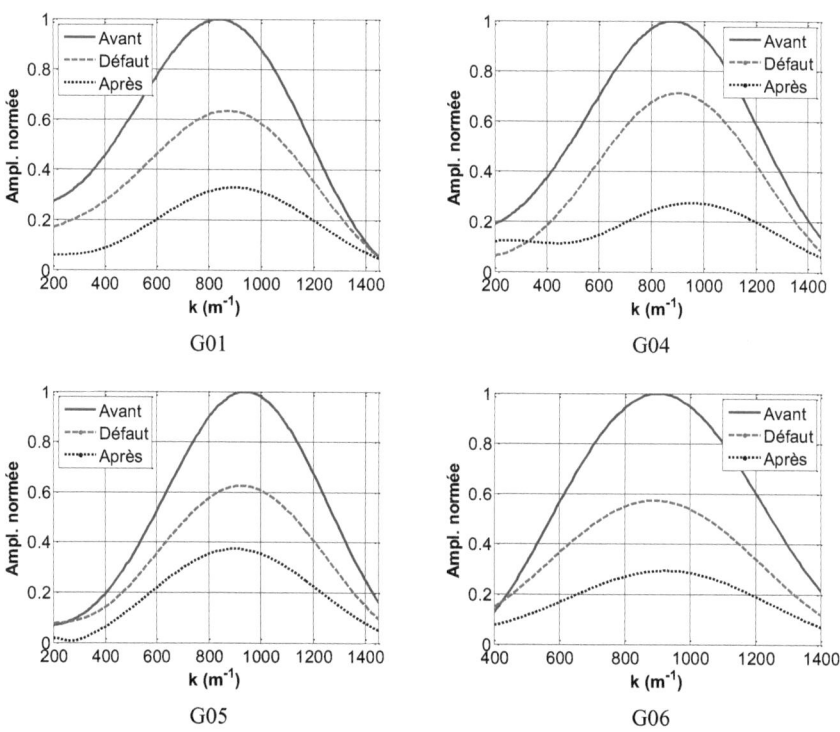

Figure 3.12: Représentation de l'amplitude du mode A0 en fonction du nombre d'onde kA0. Mise en évidence de l'atténuation par l'amplitude normalisée avant le défaut (—), sur le défaut (---) et après le défaut (....).

En relevant les amplitudes des ondes générées normalisées par rapport à l'onde incidente, il apparait que dans le cas des défauts insérés pendant la fabrication, la nature (séparateur adhésif pour G04 et G05 ou film *Teflon*® pour G06) ainsi que sa localisation dans l'épaisseur, jouent sur l'atténuation de l'onde après le défaut (....).

3.5 Propagation d'ondes de Lamb dans des matériaux composites vieillis

3.5.1 Caractérisation du vieillissement de plaques monolithiques

Comme illustré dans la partie précédente, les ondes de Lamb se propagent sur de longues distances et peuvent renseigner sur la structure inspectée. De nombreux auteurs ont montré l'efficacité des ondes de Lamb pour le contrôle non destructif des structures composites et sandwichs. En ce qui concerne l'étude du vieillissement thermique de plaques sandwichs par onde de Lamb, très peu d'articles ont été publiés à ce jour. Cependant, une étude intéressante concernant le vieillissement thermo-mécanique de plaques composites dont les dimensions sont $900 \times 300 \times 2,2$ mm^3 avec une séquence d'empilement $[45/0/-45/90]_{2S}$ a été menée par Seale et Madaras [18]. Ils considèrent qu'aux effets de la température et de l'oxygène s'ajoutent les effets induits par les cycles de fatigue mécanique. Chaque cycle dure 225 minutes pour des températures allant de –18 à +177°C (avec un palier de 180 minutes à cette température) induisant des déformations entre 0,104 et 0,156 % sur une durée cumulée de 180 minutes. Ce vieillissement a été étudié jusqu'à 3530 cycles et les auteurs ont observé une diminution de la vitesse de phase du mode A_0 entre 40 et 140 kHz (Figure 3.13 (a)).

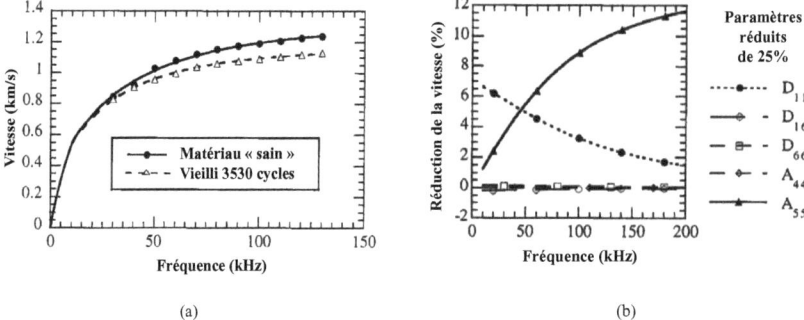

Figure 3.13: Évaluation du vieillissement de plaques monolithiques (carbone graphite/polyimide thermoplastique). Courbes de dispersion du mode de Lamb A_0 (a) et pourcentage de réduction de la vitesse en fonction de la fréquence pour une réduction de 25% des paramètres D_{11}, D_{16}, D_{66}, A_{44} et A_{55} (b).

Les auteurs ont déduit des variations de rigidité de flexion (D_{ij}) et de rigidité hors plan de la plaque(A_{ij}). La représentation de la réduction de la vitesse de phase (en pourcentage) pour une diminution de 25% de chacun des paramètres D_{ij} et A_{ij} montre (Figure 3.13 (b)) que :

- La variation du paramètre D_{11} a un grand effet sur la vitesse à basse fréquence.

- La variation du paramètre A_{55} modifie grandement les courbes de dispersion à plus hautes fréquences.

- Les constantes D_{16}, D_{66} et A_{44} affectent très faiblement les courbes de dispersion avec des variations de vitesse d'au plus 0,5%.

Dans ces conditions, seules les constantes D_{11} et A_{55} affectent les courbes de dispersions.

Les plaques composites monolithiques en carbone/époxy dont nous disposons ont les dimensions suivantes : $300 \times 200 \times 2,35$ mm^3. Elles ont été disposées suivant la séquence d'empilement : [45/0/-45/90]$_S$. avant la mise en forme. La masse volumique moyenne a été déterminée à $\rho = 1530$ kg/m^3. Elles ont subi des vieillissements thermiques à 180°C dans une étuve munie d'un système de circulation d'air. Il s'agit donc d'un vieillissement thermo-oxydant et aux effets de la température s'ajoutent ceux de l'oxydation par l'air. Neuf plaques ont été vieillies à des durées différentes allant de 500 à 11000 heures. Le Tableau 3.2 ci-dessous récapitule ces vieillissements isothermes :

Durée (heures)	500	1000	1500	2500	3500	5000	7000	9000	11000
Plaque	F01	F02	F03	F04	F05	F06	F07	F08	F09

Plaques F : nom donné aux plaques composites monolithiques d'épaisseur moyenne 2,35mm ayant subies des vieillissements isothermes à 180°C pendant des durées allant de 500 à 11000heures.

Tableau 3.2: Récapitulatif des vieillissements isothermes de plaques composites monolithiques.

Une analyse micrographique au niveau de la section dans le plan de ces plaques a été réalisée au microscope électronique à balayage (MEB) par Isabelle Amar-Khodja [19]. Cette analyse a révélé l'existence de fissures, d'inclusions et de porosités entre autres et leurs positions qui peuvent être localisées suivant l'épaisseur. En outre, elle a réalisé de nombreux autres essais de caractérisation parmi lesquels la mesure de la température de transition vitreuse par DMA (*Dynamic Mechanical Analysis*), ou DSC (*Dynamic Scaning Calorimmetry*). Ces analyses sont utiles pour comprendre le vieillissement et en particulier l'évolution de la structure du matériau avec la durée de vieillissement dans la mesure où elles ont permis de déceler une modification rapide de la composition chimique de la matrice près des surfaces, sans doute due à l'oxydation. La Figure 3.14 ci-dessous montre les micrographies de quelques plaques du Tableau 3.2:

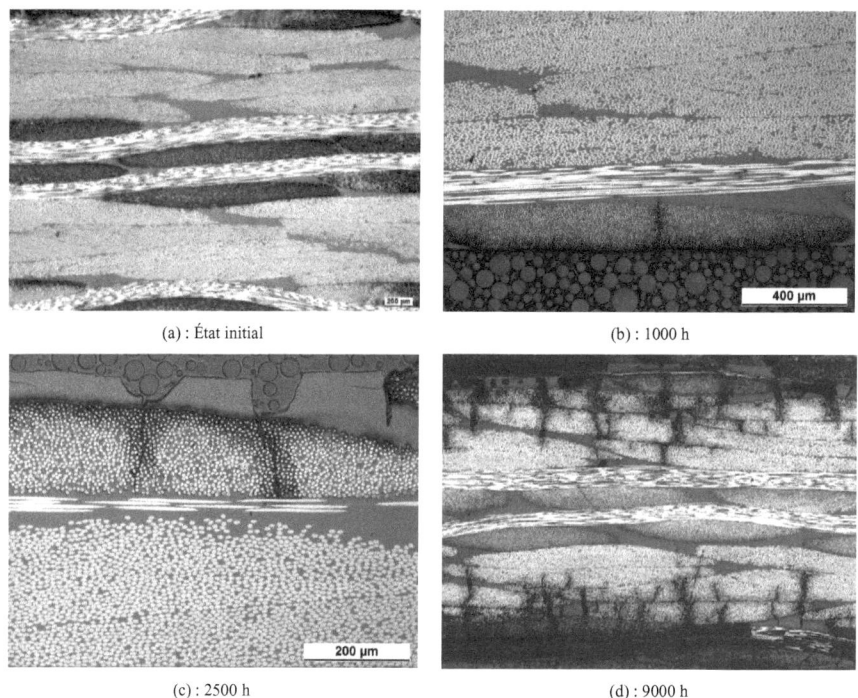

Figure 3.14: Micrographies de plaques composites monolithiques. Plaque "saine" non vieillie (a), plaques vieillies pendant des durées de : 1000 h (b), 2500 h (c) et 9000 h (d).

Yann Gélébart [20, 21] dans le cadre de sa thèse a relié ces constantes D_{ij} et A_{ij} établies par Seales et Madaras aux constantes élastiques C_{ij} d'une plaque plane et orthotrope. Par ailleurs, il a aussi effectué des mesures avec un dispositif « air-coupling » et a tracé les courbes de dispersion des ondes de Lamb se propageant dans ces plaques composites monolithiques vieillies (Figure 3.15).

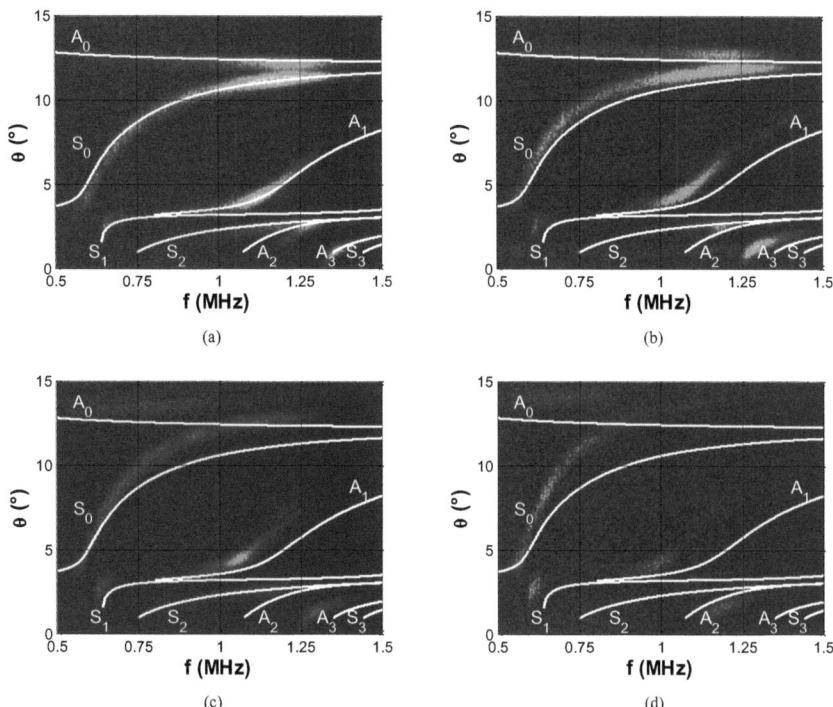

Figure 3.15: Vieillissement de plaques monolithiques à 180°C dans l'air. Images angle-fréquence autour de 1 MHz à l'état initial (a), 500 (b), 5000 (c) et 7000 (d) heures de vieillissement. Superposition des courbes de dispersion théoriques à l'état initial (courbes blanches) [21].

Après un vieillissement à 180°C dans l'air, ces résultats expérimentaux [21] montrent :

- Une augmentation des angles auxquels le mode A_0 est observé.
- Une augmentation des angles auxquels le mode S_0 est observé.
- Une décroissance de l'amplitude des modes A_0 et S_0.
- Une décroissance régulière de l'amplitude du mode A_1.
- L'amplitude du mode A_3 présente un maximum après 1500 heures de vieillissement.

Par la suite, il a effectué une identification pour déterminer les valeurs des coefficients élastiques C_{11}, C_{13}, C_{33} et C_{55} en fonction de la durée de vieillissement pour deux températures 160 et 180°C. Comme résultats, il en a déduit que le module C_{11} ne présentait pas de tendance d'évolution particulière mais influait par contre essentiellement sur la vitesse de phase du mode S_0 à basse fréquence. Le module C_{13} modifiait de manière globale le comportement des ondes de Lamb dans leurs zones dispersives mais n'était pas un bon estimateur du vieillissement au cours du temps. Cependant, il a montré que les deux autres constantes élastiques C_{33} et C_{55} étaient identifiées avec une bonne précision et que le module C_{55} était le seul à avoir une influence sensible sur les vitesses de phase du mode A_0. Le module C_{33} quant à lui provoquait un décalage en fréquences des zones dispersives des modes.

Sur la base de ces deux études, nous nous proposons de suivre la propagation du mode de Lamb A_0 à une fréquence aux alentours de 130 kHz dans des structures sandwichs vieillies. Aux effets du vieillissement thermique et de l'air, s'ajoutent celui des montants ou parois du nid d'abeille sur la propagation. De plus, les structures subissent parfois des températures supérieures à celle de transition vitreuse Tg ($\approx 200°C$) de la résine utilisée ou bien sont parfois soumises à des pressions plus importantes que celles des cycles de polymérisation.

3.5.2 Propagation du mode A_0 sur sandwichs vieillis

À l'opposé des plaques avec défauts de collage (plaques G), les plaques sandwichs vieillies (plaques HS) sont aussi fabriquées avec quatre plis de carbone et un pli de verre mais avec une résine différente. Il s'agit de la résine BMI qui confère aux matériaux composites une forte stabilité thermique lors d'expositions prolongées à des températures très élevées. Le nid d'abeille de ces plaques est en aluminium dont la taille des cellules est aussi de 9 mm.

Les échantillons ont tous subi un vieillissement pour des durées allant d'1 heure à 7920 heures et à des températures de 25, 170 et 200°C. Les deux faces des échantillons sont différentes tant du point de vue de l'aspect et de l'état de surface. La face la plus rugueuse *telegraphing* a été polymérisée à 2,5 bars et l'autre face plus plane à 7 bars. La mise en forme du sandwich nécessite une deuxième cuisson entre les peaux 2,5 bars et 7 bars, le nid d'abeille en aluminium ainsi que les couches d'adhésif nécessaires pour la cohésion peau-âme. L'assemblage du sandwich (cuisson) est mis en œuvre par l'intermédiaire d'un moule et d'une membrane souple ou vessie. La peau polymérisée à 7 bars est d'abord disposée sur le moule inférieur. Ensuite, une couche d'adhésif permet d'y coller le nid d'abeille. Enfin, le sandwich est fermé par le dépôt d'une couche d'adhésif et des tissus pré-imprégnés, le tout polymérisé à 2,5 bars. Lors de la mise en œuvre, un vide d'air est appliqué entre la vessie et le moule. Ce vide d'air génère alors une pression de la vessie et du moule sur les peaux les serrant sur le nid d'abeille. Ainsi, deux phénomènes bien connus chez les spécialistes de mise en forme des composites sont observés : le *telegraphing* correspond à l'effet de l'ancrage de la peau surmoulée sur le nid d'abeille ; le *foisonnement* correspond à un écartement des fibres lors de la fabrication des peaux composites.

C'est après cette étape de mise en forme des sandwichs que le vieillissement de ces matériaux est réalisé. Le Tableau 3.3 ci-dessous récapitule les différents vieillissements.

Durée (heures)	1	6	24	192	720	3600	7920
25°C	HS01						
170°C				HS06	HS08	HS07	HS09
200°C			HS10	HS11	HS12	HS13	

HS*nn* est le nom donné aux matériaux sandwichs vieillis ou HS désigne Honeycomb Sandwich. Les échantillons sont vieillis à des températures de 25, 170 ou 200°C pendant la durée en heures comprise entre 1 heure et 7920 heures.

Tableau 3.3: Récapitulatif des vieillissements thermiques de plaques sandwichs en carbone/BMI.

Le vieillissement thermique permet de décrire l'état d'endommagement des plaques durant leur cycle de vie. Les ondes de Lamb peuvent être utilisées comme moyen d'évaluation non destructive de ces plaques sandwichs. Dans cette partie, nous déterminerons la vitesse de phase du mode de Lamb A_0 à la fréquence f = 130 kHz sur les deux faces (*telegraphing* à 2,5 bars et plane à 7 bars) des sandwichs vieillis HS.

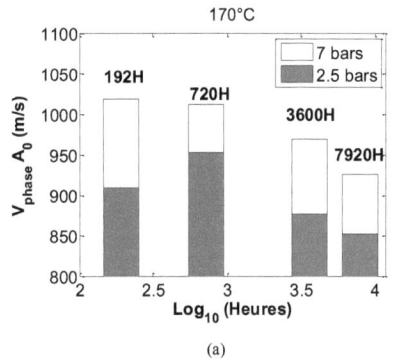
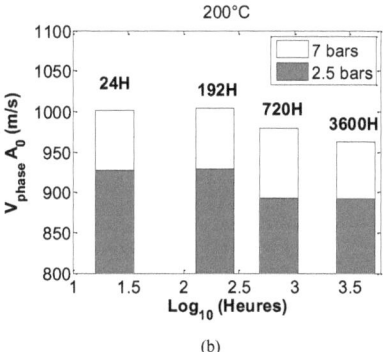

Figure 3.16: Vitesse de phase du mode de Lamb A_0 à f = 130 kHz dans les plaques sandwichs vieillies. Valeur de la vitesse sur la face plane (blanc) et sur la face avec *telegraphing* (gris).

La Figure 3.16 ci-dessus montre l'évolution de la vitesse de phase du mode de Lamb A_0 généré à 130 kHz en fonction de la durée de vieillissement. Le dispositif de mesure est celui de la génération par un coin et la détection par interférométrie laser utilisé lors de la caractérisation de l'adhésion des plaques G. Les vitesses de phase $\{V_{phase}\, A_0\}$ sont déduites à chaque fois à partir des représentations dans l'espace dual (k, f) suivant la relation $2\pi f = k \times c$ où c représente donc cette vitesse.

On note aux premières heures de vieillissement (entre 192 et 720 heures) une augmentation de la vitesse notamment sur la face polymérisée à 2,5 bars (barres grises) à 170°C. Au-delà de cette période, on note à 170°C comme à 200°C que la vitesse diminue au cours du vieillissement thermique étudié. Ceci peut s'expliquer par une réorganisation moléculaire de la matrice BMI à cette température de vieillissement, tandis qu'à l'opposé on peut remarquer le phénomène inverse à 200°C où la vitesse diminue toujours sur cette face polymérisée à 2,5 bars. Globalement, on remarque que la vitesse phase $\{V_{phase}\, A_0\}$ diminue au cours du vieillissement thermique, même si une post-réticulation de la résine peut engendrer aux premières heures des fluctuations positives de la vitesse. Suivant la durée de vieillissement, des fissures dues à l'oxydation par l'air peuvent se créer et au niveau de la surface et s'agrandissent pour pénétrer au cœur du matériau ce qui perturbe la propagation des ondes de Lamb.

3.6 Conclusion

La propagation d'ondes de Lamb permet de localiser des défauts d'adhésion dans des structures composites suivant l'épaisseur (délaminages par exemple). Pour les structures en nid d'abeille nécessitant un collage entre la peau composite et l'âme, des défauts (cassures du nid d'abeille, séparateurs d'adhésif ou de préimprégnés,...) sont souvent localisés au niveau de l'interface. Les ondes de Lamb, plus précisément le mode A_0 à basse fréquence nous a permis de localiser et de dimensionner un défaut inclus entre les plis de la peau de l'échantillon G02 seulement suivant l'épaisseur. En outre, avec ce même mode, des défauts d'adhésion sont quantifiés en termes d'amplitude (énergie) suivant que le défaut recherché est placé avant ou après le film de colle. Pour une visualisation dans le plan de ces différents défauts d'adhésion, des cartographies C-scan figurent au chapitre suivant. Le vieillissement thermique de plaques monolithiques et sandwichs a été caractérisé par propagation d'onde de Lamb. Pour les plaques monolithiques F, le suivi a été effectué avec un système air-coupling et des diminutions importantes d'amplitude voire même une disparition de certains modes ont été notées pour des durées de vieillissements supérieures à 5000 heures. Pour les sandwichs HS, le suivi du mode A_0 à $f = 130$ kHz a été effectué sur les deux faces et on note une diminution de cette vitesse au cours du temps, même si aux premières heures de légères hausses sont notées notamment sur les faces polymérisées à 2,5 bars. Afin compléter le suivi du vieillissement par des méthodes ultrasonores, la mesure d'impédance électromécanique d'un transducteur en contact avec ces matériaux est alors abordée. Ce travail fait l'objet du chapitre 5 à venir.

3.7 Références

[1]   R. Adams and P. Cawley, "Defect types and non-destructive testing techniques for composites and bonded joints," *Construction and Building Materials*, vol. 3 (4), pp. 170–183, 1989.

[2]   D. Chimenti and R. Martin, "Nondestructive evaluation of composite laminates by leaky Lamb waves," *Ultrasonics*, vol. 29, pp. 13–21, 1991.

[3]   R. Adams and B. Drinkwater, "Nondestructive testing of adhesively-bonded joints," *NDT&E International*, vol. 30(2), pp. 93–98, 1997.

[4]   T. Kundu, A. Maji, T. Ghosh, and K. Maslov, "Detection of kissing bonds by Lamb waves," *Ultrasonics*, vol. 35, pp. 573–580, 1998.

[5]   C. Soutis, "Fibre reinforced composites in aircraft construction," *Progress in Aerospace Sciences*, vol. 41 (2), pp. 143–151, 2005.

[6]   H. Duflo, B. Morvan, and J.-L. Izbicki, "Interaction of Lamb waves on bonded composite plates with defects," *Composites Structures*, vol. 79, pp. 229–233, 2007.

[7]   N. Bourasseau, E. Moulin, C. Delebarre, and P. Bonniau, "Radome health monitoring with Lamb waves: experimental approach," *NDT&E International*, vol. 33, pp. 393–400, 2000.

[8] K. Diamanti, C. Soutis, and J. Hodgkinson, "Non-destructive inspection of sandwich and repaired composite laminated structures," *Composites Science and Technology*, vol. 65 (13), pp. 2059–2067, 2005.

[9] S. Thwaites and N. Clark, "Non-destructive testing of honeycomb sandwich structures using elastic waves," *J Sound Vib*, vol. 187 (2), pp. 253–269, 1995.

[10] X. Qi, J. Rose, and C. Xu, "Ultrasonic guided wave nondestructive testing for helicopter rotor blades," in *17th world conference on nondestructive testing, Shangai, China*, 2008.

[11] N. Guo and P. Cawley, "The interaction of Lamb waves with delaminations in composite laminates," *J Acoust Soc Am*, vol. 94, pp. 2240–2246, 1993.

[12] N. Guo and P. Cawley, "Lamb wave reflection for the quick nondestructive evaluation of large composite laminates," *Mater Eval*, vol. 52, pp. 404–411, 1994.

[13] S. Valdes and C. Soutis, "Real-time nondestructive evaluation of fiber composite laminates using low-frequency lamb waves," *J Acoust Soc Am*, vol. 111, pp. 2026–2033, 2002.

[14] B. Tang and E. II, "Lamb-wave monitoring of axial stiffness reduction of laminated composite plates.," *Mater Eval*, vol. 47, pp. 928–934, 1989.

[15] V. Dayal and V. Kinra, "Leaky lamb waves in an anisotropic plate. ii: Nondestructive evaluation of matrix cracks in fiber-reinforced composites," *J Acoust Soc Am*, vol. 89, pp. 1590–1598, 1991.

[16] M. Seale, B. Smith, and W. Prosser, "Lamb wave assessment of fatigue and thermal damage in composites," *J Acoust Soc Am*, vol. 103, pp. 2416–2424, 1998.

[17] N. Toyama, T. Okabe, N. Takeda, and T. Kishi, "Effect of transverse cracks on Lamb wave velocity in CFRP cross-ply laminates," *J Mater Sci Lett*, vol. 21, pp. 271–273, 2002.

[18] M. Seale and E. Madaras, "Lamb wave characterisation of the effects of long term mechanical aging on composite stiffness," *J Acoust Soc Am*, vol. 106 (3), pp. 1346–1352, 1999.

[19] I. Ammar-Khodja, C. Marais, C. Picard, M. Fois, and A. S. Goubet, "Comprehensive investigation on thermal degradation combined effects in aged woven carbon fibers/epoxy matrix composite laminates," *Proceedings of the 15th International Congress on Composite Materials*, 2005.

[20] Y. Gélébart, H. Duflo, and J. Duclos, "Air coupled Lamb waves evaluation of the long-term thermo-oxidative ageing of carbon-epoxy plates," *NDT&E International*, vol. 40, pp. 29–34, 2007.

[21] Y. Gélébart, *Evaluation non destructive par ultrasons du vieillissement thermique d'une structure composite*. Thèse, Université du Havre, 2007.

Chapitre 4   Ondes de volume pour la caractérisation de l'adhésion de structures sandwichs. Utilisation des transducteurs multiéléments pour la mise en évidence.

4.1 Introduction

Dans le chapitre 3, nous avons montré que les ondes de Lamb permettent de détecter des défauts d'adhésion suivant l'épaisseur des matériaux à tester. Il reste maintenant à développer un moyen de CND capable de localiser et de dimensionner des défauts structuraux. C'est l'objet de ce chapitre : les ondes de volume sont utilisées pour étudier leur interaction avec les structures sandwichs à nids d'abeille afin de détecter, de localiser et de dimensionner s'il en existe des défauts dans ces structures suivant les trois dimensions spatiales. La technologie d'émission-réception multiéléments (*phased array*) répond à cette problématique, permettant une inspection, une acquisition et un traitement rapide des données afin de s'adapter aux cadences de production industrielle [1, 2, 3]. En outre, la technologie multiéléments améliore la qualité des inspections par la focalisation pour atteindre des zones difficilement accessibles [4, 5]. En effet, le développement des systèmes électroniques d'émission-réception multivoies à haute fréquence a permis de développer des sources complexes et versatiles dans le but de générer un faisceau ultrasonore adapté. En effet, les systèmes multiéléments permettent de modifier les paramètres de déflexion angulaire, distance de focalisation ainsi taille du foyer, dans le but d'améliorer la sensibilité et l'efficacité du contrôle [6]. De plus, le faisceau ultrasonore généré peut être déplacé électroniquement, séquentiellement le long de la sonde multiéléments sans qu'un déplacement mécanique ou une déflexion angulaire ne soit nécessaire. Les premières applications des technologies multiéléments ont été réalisées en médecine [7] pour la réalisation d'échographies et plus tard en milieu industriel pour du CND [8] pour réaliser des cartographies de pièces de structures.

Afin de caractériser l'adhésion des structures sandwichs du lot G mises à notre disposition, cette technologie multiéléments est utilisée, et son usage se développe dans les industries des matériaux composites. A titre de référence, des travaux existent déjà [9, 10, 11, 12]. Bruma et al [13] ont utilisé les transducteurs multiéléments pour détecter de nombreux défauts tels que les délaminages, les fissures, les décohésions fibre-matrice, les manques de fibres, la corrosion et les dommages suite à un impact. Un travail récent mené par Samet et al. [14] a montré l'efficacité des transducteurs multiéléments pour la détection de bulles lors de la mise en forme des composites par le procédé *Resin Transfer Molding* (RTM). Dans notre étude, une focalisation électronique du faisceau ultrasonore est réalisée dans une configuration en émission-réception pour caractériser une peau composite, rechercher des défauts au niveau des interplis et à l'interface de collage peau-nid d'abeille. Afin d'adapter les mesures expérimentales, la simulation de la réponse électroacoustique du multicouche sabot en contact avec une tranche du matériau sandwich (peau, colle et nid d'abeille) est réalisée en utilisant la méthode de décomposition par les séries de Debye [15].

4.2 Décomposition en séries de Debye

La méthode de décomposition par les séries de Debye (*Debye Series Method*, DSM) est utilisée pour caractériser le comportement d'une onde plane en incidence normale se propageant dans une structure multicouche. En posant l'hypothèse dans ce cas d'étude que la peau en composite est homogène et isotrope, on considère que l'ensemble {fibres de carbone + matrice époxyde} constitue une seule couche. Les autres couches entrant dans la composition de la structure sont la couche adhésive, le nid d'abeille en aluminium et le sabot en *Rexolite*®. Le multicouche défini est alors modélisé et sa réponse électroacoustique obtenue en émission-réception peut être déterminée. Ainsi, la DSM permet de déterminer les coefficients de réflexion et de transmission dans le cas d'une incidence normale [16]. La modélisation de la structure est dans ce cas basée sur une hypothèse de vibration unidimensionnelle. Elle prend en compte les multiples réflexions au niveau des différentes interfaces. Dès lors, l'approche récursive développée donne des résultats satisfaisants pour tous types de configurations.

4.2.1 Réflexion et transmission d'ondes dans une structure multicouche en incidence normale

De manière générale, pour traiter le problème de réflexion d'une structure multicouche, deux approches sont envisageables. On peut utiliser une représentation globale de la structure multicouche en considérant que toutes les ondes se propagent dans chacune des couches en une unique onde ou en développant des méthodes itératives pour les intersections des ondes dans chacune des couches. Nous utilisons donc ces méthodes itératives (récursives) notamment la méthode de la matrice de transfert développée dans un premier temps pour une multicouche composée de couches isotropes par Thomson [17] puis corrigée et étendue dans un second temps par Haskell [18]. Cette méthode consiste à relier les contraintes (normales et tangentielles) aux déplacements au niveau des faces supérieure et inférieure de la structure multicouche. Cela revient à exprimer la continuité des contraintes et déplacements au niveau de chaque interface du multicouche. Cependant, le formalisme de la matrice de transfert présente des instabilités numériques causées par le mauvais conditionnement des matrices reliant contraintes et déplacements. Ces instabilités sont levées par la méthode DSM [15] présentée ci-après. Le schéma de la structure multicouche que nous étudions est décrit à la Figure 4.1. La structure est plongée dans un fluide (air). Par conséquent, une onde plane incidente est réfléchie et transmise partiellement à travers les différentes couches (*Rexolite*®, composite, colle, nid d'abeille).

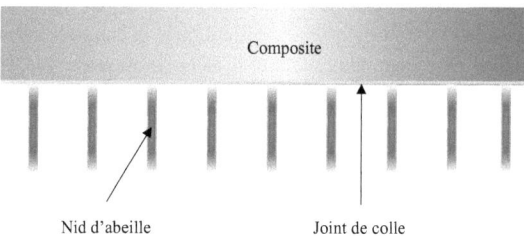

Figure 4.1: Schéma du multicouche constitué d'un sabot en *Rexolite*®, d'une peau composite, d'un joint de colle et d'un nid d'abeille en aluminium ou d'air selon la position d'incidence.

En utilisant la méthode DSM, on peut écrire de façon simplifiée les coefficients de réflexion et de transmission dans le cas d'une incidence normale. On définit en premier lieu les coefficients de réflexion $\underline{R}_{ij}$ et de transmission $\underline{T}_{ij}$ de Fresnel à l'interface entre les couches i et j. On peut alors calculer récursivement le coefficient de réflexion complexe $\underline{R}$ d'une structure constituée de N couches depuis la couche $n = N$ jusqu'à $n = 1$ par la relation :

$$\underline{R} = \underline{R}_{12} + \frac{\underline{T}_{12}\underline{\rho}_{23}\underline{T}_{21}}{1 - \underline{R}_{21}\underline{\rho}_{23}} \tag{4.1}$$

avec

$$\underline{\rho}_{n,n+1} = \underline{R}_{n,n+1} + \frac{\underline{T}_{n,n+1}\underline{\rho}_{n+1,n+2}\underline{T}_{n+1,n}}{1 - \underline{R}_{n+1,n}\underline{\rho}_{n+1,n+2}} \quad \text{pour } 2 \leq n \leq N \qquad \text{et} \qquad \underline{\rho}_{N+1,N+2} = \underline{R}_{N+1,N+2}$$

4.2.2 Simulation de la réponse électroacoustique

Dans cette partie, l'objectif est de décrire la propagation d'ondes de volume dans le multicouche en incidence normale pour ensuite en déduire le coefficient de réflexion par la décomposition par la méthode DSM. La succession des couches pour la modélisation est illustrée à la Figure 4.2 où un sabot en *Rexolite*® d'épaisseur $d_R = 20$ mm est fixé sur un transducteur multiéléments (ME). L'ensemble est donc posé sur la plaque sandwich où l'on peut distinguer la peau composite d'épaisseur $d_C = 1,6$ mm, parfaitement collée au nid d'abeille en aluminium d'épaisseur $d_{Al} = 15$ mm par l'intermédiaire d'un joint de colle d'épaisseur $d_3 = 0,2$ mm. Les propriétés des différents matériaux rentrant dans la structure pour la simulation sont consignées dans le Tableau 4.1 ci-dessous:

Matériau	ρ (kg/m³)	c_L (m/s)	δ_{cL} (%)	z (mm)
Rexolite®	1000	2500	1	20
Composite	1150	3100	1	1,6
Adhésif	1100	1900	5	0,5
Aluminium	2700	6480	1	15

ρ: densité; c_L: vitesse longitudinale des différentes couches homogènes; δ_{cL}: pertes longitudinales; z: épaisseur

Tableau 4.1 : Propriétés mécaniques des différents constituants de la structure sandwich pour la simulation DSM.

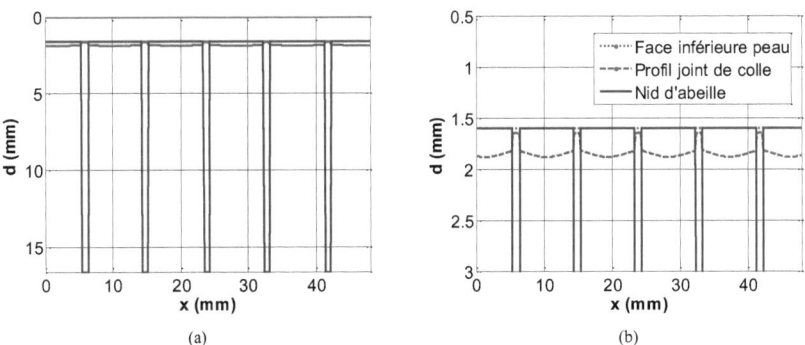

Figure 4.2: Schéma du profil de la structure multicouche sans le sabot en *Rexolite*®. Visualisation entière de la structure (a) et zoom au niveau de l'interface composite/nid d'abeille (b).

En configuration émission/réception d'ondes de volume, la réponse électroacoustique est simulée en convoluant le coefficient de réflexion globale de la structure multicouche $r(t)$ par la bande passante du transducteur $bw(t)$:

$$s(t) = r(t) * bw(t) = FT^{-1}\{\underline{R}(f).\underline{BW}(f)\} \qquad (4.2)$$

où

$$\underline{BW}(f) = e^{-\frac{1}{2}\left(\frac{f-f_0}{\sigma_f}\right)^2} \qquad \text{et} \qquad \sigma_f = \frac{\Delta f_6}{2\sqrt{2\log 2}} \qquad (4.3)$$

La bande passante gaussienne du spectre de rétrodiffusion $\underline{BW}(f)$ est directement fonction de sa largeur à mi-hauteur Δf_6.

Dans cette perspective, la méthode de décomposition par DSM donne le coefficient de réflexion globale en incidence normale $\underline{R}(f)$. Dans cette approche, les coefficients de réflexion de Fresnel ainsi que les coefficients de transmission sont déterminés au niveau de chaque interface entre les couches de la structure.

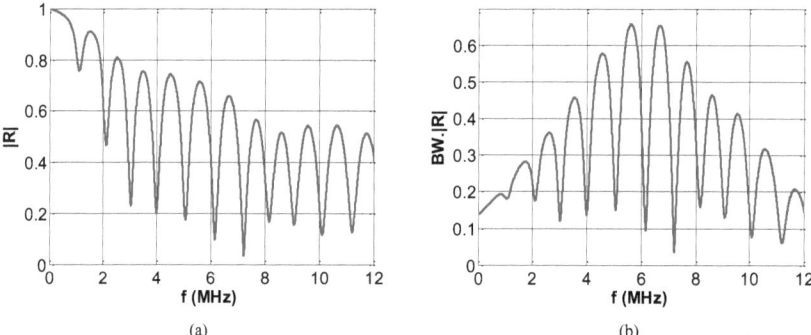

Figure 4.3 : Décomposition par DSM. Représentation du module du coefficient de réflexion $|\underline{R}|$ (a) et pondération par la bande passante gaussienne du transducteur (b).

En se référant aux futures expériences avec l'utilisation d'un transducteur multiéléments ME, les caractéristiques du spectre de rétrodiffusion sont $f_0 = 7$ MHz et $\Delta f_6 = 5,5$ MHz. La Figure 4.3 (a) illustre le spectre de réflexion $|\underline{R}|$ tandis que la Figure 4.3 (b) illustre la pondération par l'enveloppe gaussienne $|BW|$.

4.3 Détection par transducteur multiéléments (ME)

Afin de caractériser l'adhésion de structures sandwichs, l'utilisation de transducteurs multiéléments offre de nombreux avantages et répond en partie à cette problématique. En effet, le faisceau ultrasonore généré par les éléments du transducteur peut être adapté à la configuration étudiée afin d'améliorer la sensibilité et l'efficacité lors d'une inspection. Ces avantages vont de paire avec les performances de mesures utiles à la détection et à la caractérisation.

4.3.1 Principes physiques

La génération d'un faisceau ultrasonore est donc commandée par l'utilisateur qui en fonction de son contrôle ou de sa mesure peut :

- Créer un angle de déflexion et une profondeur de focalisation ;
- Exciter un nombre d'éléments donné, soit en phase, soit en décalage entre eux ;
- Visualiser et acquérir en temps réel des données de mesures.

De ce fait, grâce à l'électronique adaptée des sondes ME, l'utilisateur peut réaliser des fonctions complexes telles que le balayage, la déflexion ou la focalisation du faisceau ultrasonore. Une unité d'émission-réception pour transducteur ME telle que le *TomoScan Focus LT*®, associée au logiciel *TomoView*® (Figure 4.4) permet de piloter ces différents paramètres. Ainsi, la fonction de balayage électronique consiste à déplacer le faisceau ultrasonore le long du transducteur multiéléments en activant séquentiellement des sous-ensembles d'éléments. Dans ce cas, un multiplexage dynamique est réalisé par l'électronique pour activer successivement les éléments qui rentrent dans l'ouverture active.

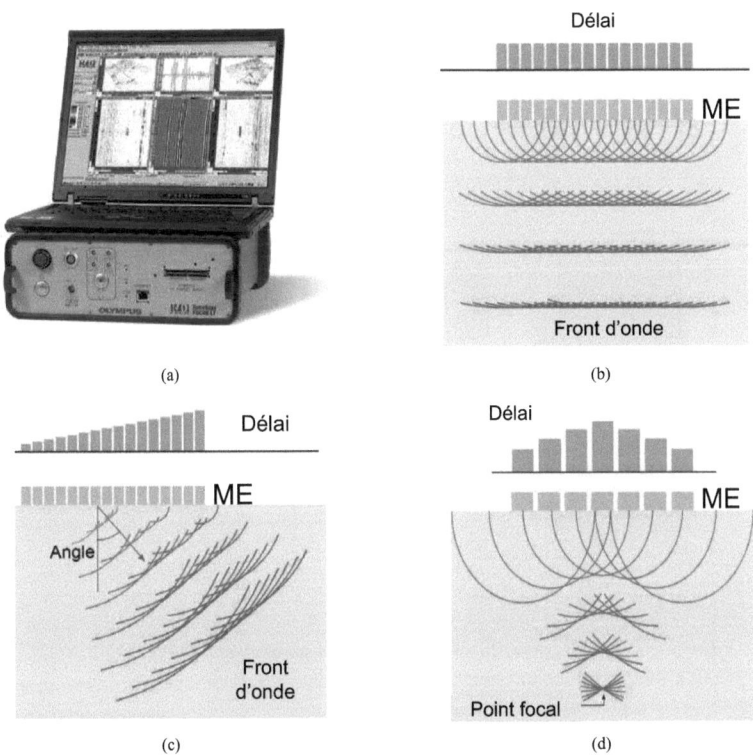

Figure 4.4: Possibilités offertes par les transducteurs multiéléments (ME) pour la formation de faisceau ultrasonore. Unité de traitement ME (a), balayage (b), déflexion (c) et focalisation (d). [19].

En appliquant des retards électroniques linéaires (Figure 4.4 (c)) aux voies du transducteur multiéléments en émission et en réception, on crée une déviation du faisceau ultrasonore. C'est ce que l'on appelle la déflexion électronique. La loi de retard définit l'angle d'incidence du faisceau et peut être modifiée dynamiquement. C'est une technique de génération de faisceau ultrasonore qui permet de s'affranchir de l'utilisation de sabots dans le cas d'inspection de pièces complexes telles que les soudures ou les rivetages.

La technique de la focalisation utilise aussi une loi de retard, mais celle-ci est symétrique (Figure 4.4 (d)). C'est aussi une alternative à l'utilisation des transducteurs monoéléments focalisant qui utilisent des lentilles acoustiques pour focaliser à différentes profondeurs.

Ces techniques de génération de faisceau (déflexion et focalisation) peuvent être combinées pour réaliser des fonctions plus complexes comme la réalisation d'images en trois dimensions, en imagerie médicale par exemple. Dans le cas où le faisceau ultrasonore généré par un ensemble d'éléments du transducteur ME focalise en un point donné, l'écho réfléchi au niveau du point focal atteint les éléments de la sonde avec un retard calculable. Les échos des signaux reçus par chaque élément de la sonde ME sont ensuite additionnés et la somme de chaque contribution élémentaire en émission-réception résulte en un signal temporel $s(t)$.

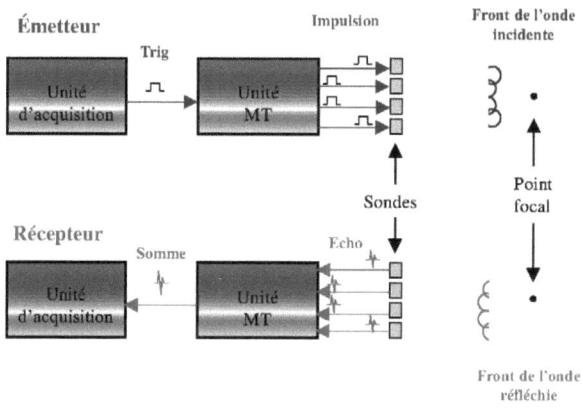

Figure 4.5: Fonctionnement de l'unité ME : émission et réception d'ondes de volume [19].

L'établissement d'une loi de retard est nécessaire avant tout examen d'une pièce. La distance focale (point) dans un milieu donné créée par un groupe d'éléments d'un transducteur ME, impose une loi focale définie par un délai élémentaire bien défini (loi de retard). La loi de retard définit le déphase entre éléments lors de l'émission de l'onde et doit être adaptée à chaque type de configuration. Pour établir la loi de retard, on attribue à chaque élément du transducteur ME, un retard bien défini qui dépend du nombre d'éléments N utilisés pour chaque loi focale, de la profondeur du point focal F, de la distance inter-éléments p et de la vitesse des ultrasons c_L dans le milieu de propagation. Ainsi, le temps de propagation noté $t(n_{él})$ nécessaire à chaque élément $n_{él}$ pour atteindre le point focal s'écrit :

$$t(n_{él}) = \frac{F}{c_L}\left(\sqrt{1+\left(\left(n_{él}-\frac{(N-1)}{2}\right)\frac{p}{F}\right)^2}\right) \qquad (4.4)$$

La loi de retard usuellement notée τ ($n_{\acute{e}l}$) est la différence de temps de propagation entre l'élément le plus éloigné du point focal et les autres éléments constituant la loi focale. Elle a pour expression :

$$\tau(n_{\acute{e}l}) = t(n_{\acute{e}l} = 1) - t(n_{\acute{e}l}) \tag{4.5}$$

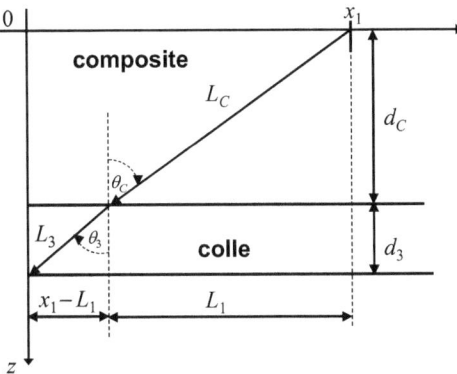

Figure 4.6 : Trajectoire de rayon ultrasonore dans une structure bi-couche.

Dans le cas de la propagation dans une structure bi-couche constituée d'une peau composite et d'une couche de colle, on définit par L_C et L_3 les trajectoires du rayon ultrasonore respectivement dans le composite et dans la colle. Dans ces conditions, le temps de propagation nécessaire à chaque élément pour atteindre le point focal s'écrit en fonction de l'épaisseur d_C et de la vitesse de propagation du son $c_{L,C}$ dans le composite, de l'épaisseur d_3 et de la vitesse c_3 dans la couche de colle. À partir de la Figure 4.6 ci-dessus, on peut exprimer les angles d'incidence de front d'onde à la position (x_1, 0) dans le composite et dans la colle par θ_C = Arctan (L_1/d_C) et θ_3 = Arctan (x_1-L_1/d_3) respectivement, avec L_1 la distance entre x_1 et le point d'incidence dans le composite. Les temps de propagation sont définis par $t_C = L_C/c_{L,C}$ dans le composite et $t_3 = L_3/c_3$ dans la colle.

Dans cette configuration, le temps de propagation au niveau du premier élément s'écrit :

$$t(n_{\acute{e}l} = 1) = \frac{\sqrt{d_C^2 + L_1^2}}{c_{L,C}} + \frac{\sqrt{d_3^2 + (x_1 - L_1)^2}}{c_3} \tag{4.6}$$

Dans le cas général où la propagation se fait sur une structure multicouche, il faut prendre en compte les temps de propagation dans chacune des couches. Samet et al.[20] ont montré dans une structure bi-couche constituée par un bloc de verre et une couche d'huile, que l'on pouvait minimiser le temps de propagation au niveau du premier élément t ($n_{\acute{e}l}$ = 1) pour une loi focale constituée de 32 éléments selon le principe de Fermat :

$$\frac{\partial t(n_{\acute{e}l} = 1)}{\partial x} = 0 \tag{4.7}$$

où x désigne l'axe selon lequel sont positionnés les éléments [20]. Finalement, la loi de retard appliquée à un élément $n_{él}$ s'écrit comme formulée dans les équations (4.4) et (4.5). Ainsi, on peut en effet estimer le temps de propagation (Figure 4.7 (a)) ainsi que le retard (Figure 4.7 (b)) à appliquer pour notre structure constituée du sabot en *Rexolite*®, de la plaque composite collée au nid d'abeille en aluminium. Le sabot en *Rexolite*® est de la marque *Olympus*® (SIO2-OL) d'épaisseur $d_R = 20$ mm et l'épaisseur de la peau composite $d_C \approx 1,6$ mm. On peut alors estimer la distance focale $F = 22$ mm.

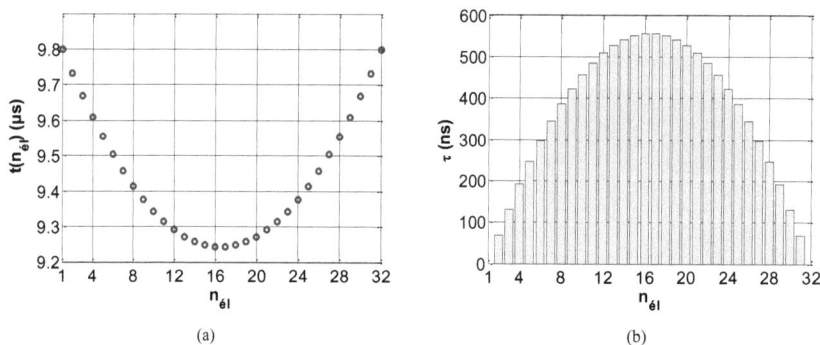

Figure 4.7: **Évaluation du temps de propagation nécessaire pour chaque élément $n_{él}$ (a) et du retard électrique (b) associé lors de chaque excitation dans la structure R/C.**

4.3.2 Mesures expérimentales avec le transducteur ME

Dans cette partie, les résultats de mesures sur les matériaux sandwichs avec défauts d'adhésion (plaque G, Tableau 3.1 du chapitre 3) sont présentés. Dans un premier temps, des mesures sont réalisées en statique; dans un second temps un balayage mécanique de la sonde est effectué pour établir des cartographies de type B-scan et C-scan pour visualiser en interne les plaques.

4.3.2.1 Configuration expérimentale

Pour les différentes expériences, nous avons utilisé un transducteur ME à haute résolution 10L128-I2 de fréquence centrale $f_c = 10$ MHz afin d'effectuer la caractérisation ultrasonore par ondes de volume de structures sandwichs avec des défauts d'adhésion. Il est constitué de $N_T = 128$ éléments de longueur $b = 7$ mm et de largeur $a = 0,25$ mm chacun. La distance entre deux éléments successifs (*pitch*) notée p est de 0,5 mm (Figure 4.8).

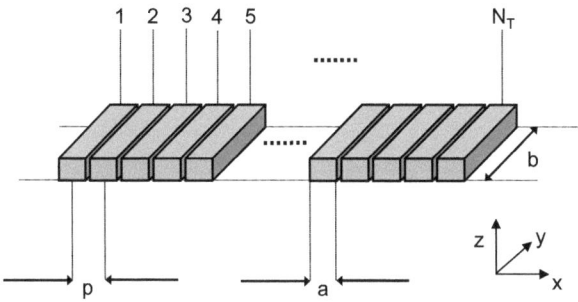

Figure 4.8: Dimensions des éléments de la sonde 10L128-I2.

On peut donc évaluer le nombre de lois focales N_{fl} par la relation ci-dessous :

$$N_{fl} = \frac{N_T - N}{N_{trans}} + 1 \qquad (4.8)$$

La loi focale que nous avons créée pour une sonde de $N_T = 128$ éléments est constituée de $N = 32$ éléments focalisants avec un pas de translation $N_{trans} = 1$ élément. Cela résulte en un nombre de lois focales $N_{fl} = 97$ et la longueur du champ expertisé correspondant est $x_{fl} = 48$ mm. Les mesures sont réalisées avec le sabot en *Rexolite*® (SIO2-OL) et du gel de couplage est nécessaire pour assurer la transmission des ondes au niveau des structures à inspecter. Comme illustré par la Figure 4.9 (a), en plus du transducteur ME, du sabot en *Rexolite*® et de la peau composite, on peut voir le joint de colle d'épaisseur $d_3 \approx 0,2$ mm et les cellules du nid d'abeille.

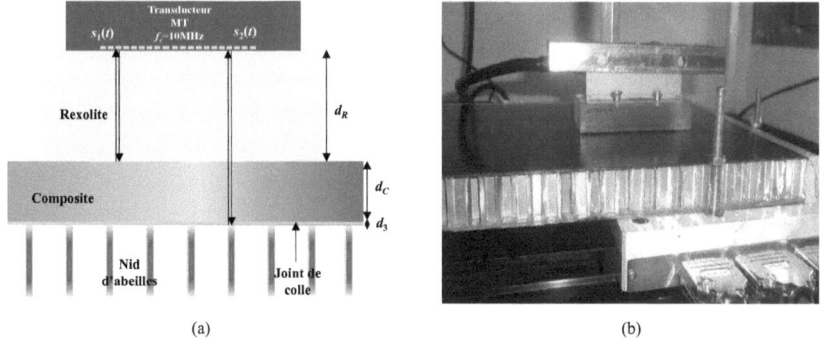

Figure 4.9: Schéma de la configuration avec mis en évidence de la structure sandwich (a) et dispositif expérimental pour la caractérisation (b).

4.3.2.2 Résolution

La détection des phénomènes ou de la taille des éléments rentrant dans la structure est basée sur la résolution de la tache focale. Selon de principe de Huyguens, la directivité résulte de l'intégrale des contributions de chaque élément du transducteur ME considéré comme un réseau linéaire constitué d'une source élémentaire unique. En émission-réception, la pression reçue ponctuellement est la somme des contributions élémentaires. Chaque élément est considéré comme un ensemble de nombre infini de sources [21]. Ces sources infinies sont disposées dans le sens de la longueur du transducteur. Ainsi, on définit la résolution suivant les trois axes (x, y, z) et le volume élémentaire de résolution ou voxel de dimensions $\Delta x \times \Delta y \times \Delta z$ avec Δx et Δy respectivement les résolutions latérales suivant l'axe x (axe de la longueur de la sonde) et l'axe y (axe de la largeur de la sonde) et Δz, la résolution selon l'axe z (axe de propagation des ondes ultrasonores).

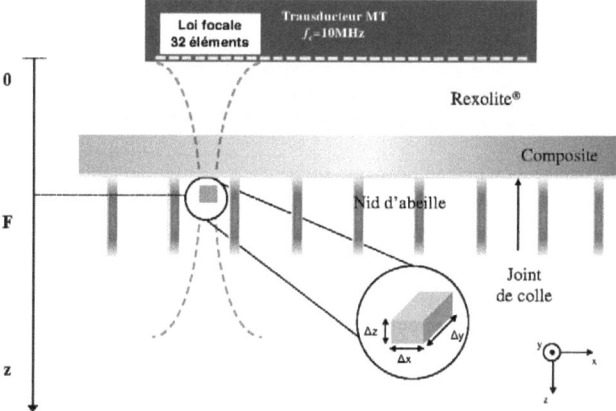

Figure 4.10: Schéma de la configuration expérimentale : dimension des éléments de la sonde (a), rayonnement et résolution pour une focalisation avec 32 éléments (b).

Dans le cas de notre configuration (transducteur ME fixé sur un sabot en *Rexolite®* en contact avec une structure sandwich) sans angle de focalisation, on peut calculer directement la résolution Δz_6 suivant l'axe z en se basant sur la réponse à -6 dB de l'écho $s(t)$ provenant de l'interface composite/nid d'abeille ayant effectué un aller-retour dans le composite par la relation ci-dessous :

$$\Delta z_6 = \frac{c_C \cdot t_6}{2} \approx 250 \ \mu m \qquad (4.9)$$

où c_C = 3140 m/s est la vitesse longitudinale dans le composite et t_6 = 0,18 µs est la durée de l'écho à mi-hauteur réfléchi à l'interface composite/nid d'abeille (Figure 4.11).

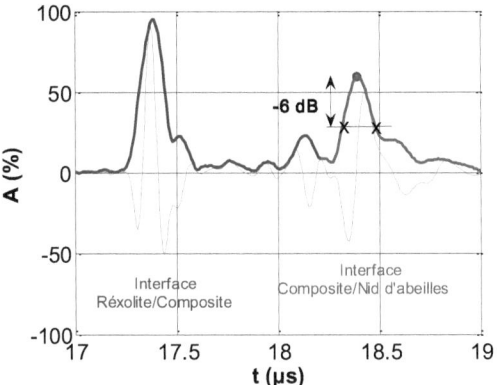

Figure 4.11: Résolution latérale suivant l'axe z. Calcul de la durée t_6 à l'interface composite/nid d'abeille.

Les deux autres résolutions Δx et Δy se calculent avec les directivités $D_x(\theta_x)$ et $D_y(\theta_y)$ en fonction respectivement des résolutions angulaires θ_x selon l'axe x et θ_y selon l'axe y.

L'expression de la directivité D_x suivant l'axe x est donnée par Azar [22] selon la relation ci-dessous :

$$D_x(\theta_x) = \left| \frac{\sin\left(\frac{ka\sin\theta_x}{2}\right)}{\frac{ka\sin\theta_x}{2}} e^{j\frac{ka\sin\theta_x}{2}} \cdot \left(\sum_{n=0}^{N-1} e^{j(n_{\acute{e}l}kp\sin\theta_x - \omega\tau(n_{\acute{e}l}))} \right) \right| \quad (4.10)$$

avec a la largeur de l'élément, p le pitch, k le nombre d'onde, ω la pulsation dans le composite et $\tau(n_{\acute{e}l})$ la loi de retard (équation (4.5)). Par contre suivant l'axe y, la directivité D_y s'écrit tout simplement sous la forme d'un sinus cardinal :

$$D_y(\theta_y) = \left| \frac{\sin\left(\frac{kb\sin\theta_y}{2}\right)}{\frac{kb\sin\theta_y}{2}} \right| \quad (4.11)$$

avec b la longueur de l'élément.

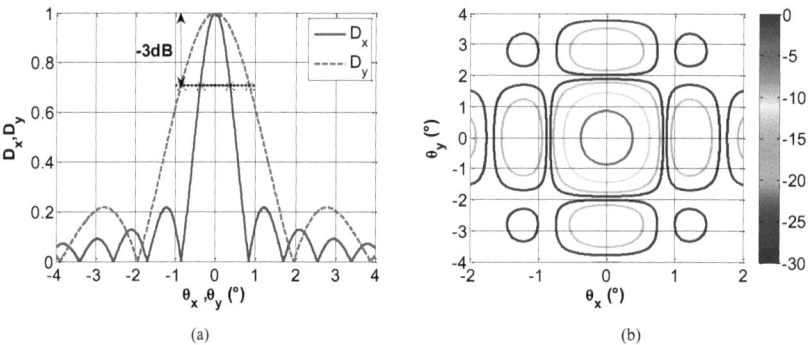

Figure 4.12: Directivités du transducteur multiéléments 10L128-I2 déterminant les lobes secondaires et tertiaires (a) par rapport aux axes x et y (b) avec des iso-valeurs respectivement à −3 dB, −10 dB, −20 dB et −30 dB.

Dans le cas d'une focalisation à travers deux couches successives, on définit F la profondeur de focalisation équivalente dans le $Rexolite^®$ et le composite par la relation ci-dessous [23] :

$$F = d_C + d_R \cdot \frac{c_C}{c_R} \qquad (4.12)$$

L'expression des résolutions latérales Δx et Δy (données à −3 dB) selon les deux axes s'écrit comme suit :

$$\Delta x_3 = 2F \tan(\theta_{x,-3dB}) = 360 \ \mu m \qquad (4.13)$$

$$\Delta y_3 = 2F \tan(\theta_{y,-3dB}) = 835 \ \mu m \qquad (4.14)$$

Dans un premier temps, des mesures statiques ont été réalisées, c'est-à-dire sans déplacement mécanique de la sonde avec un angle de déflexion nulle et à une profondeur de focalisation égale à $F = 28$ mm pour évaluer la vitesse longitudinale et l'atténuation au sein de la peau composite G07.

4.3.2.3 Caractérisation ultrasonore d'une peau composite

Les mesures de vitesse et d'atténuation d'une peau composite sont réalisables à l'aide des transducteurs ME. Les plaques sandwichs testées proviennent toutes du même lot (plaques G, voir Tableau 3.1 du chapitre 3). On va tester l'échantillon G07 considéré « sain » ; les peaux composites sont constituées de quatre fibres de carbone en plus d'une fibre de verre dont la séquence d'empilement est décrite à la Figure 4.13 (b) où les types de défauts susceptibles d'être rencontrés dans les composites sont illustrés (ruptures ou cassures de fibres, délaminage). L'épaisseur moyenne des peaux est $d_C \approx 1,6$ mm. Le sabot en $Rexolite^®$ d'épaisseur $d_R = 20$ mm est utilisé pour constituer une ligne à retard. La distance focale équivalente est donnée par la relation (4.12). La loi de retard est donnée par les relations (4.4) et (4.5). La Figure 4.13 (a), illustre les deux premiers échos d'aller-retour dans le composite.

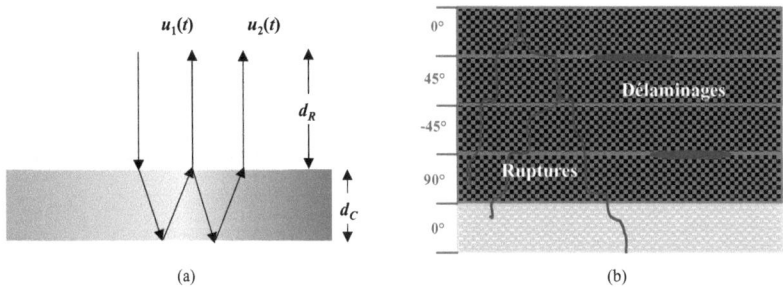

(a)   (b)

Figure 4.13: Configuration pour la caractérisation d'une peau composite. Interaction entre les échos (1er et 2ème aller-retour) dans le composite (a), mise évidence de défauts (ruptures de fibres et délaminage) susceptibles d'être détectés (b) dans une plaque composite.

Le logiciel *TomoView*® administre les lois focales et des acquisitions de type A-scan sont réalisées pour chaque loi focale. Les échos utiles pour la caractérisation de la peau composite $u_1(t)$ et $u_2(t)$ peuvent être détectés par ME. Les échos $u_1(t)$ et $u_2(t)$ et le module de leurs spectres $|\underline{U}_1(f)|$ et $|\underline{U}_2(f)|$ sont représentés sur la Figure 4.14 ci-dessous :

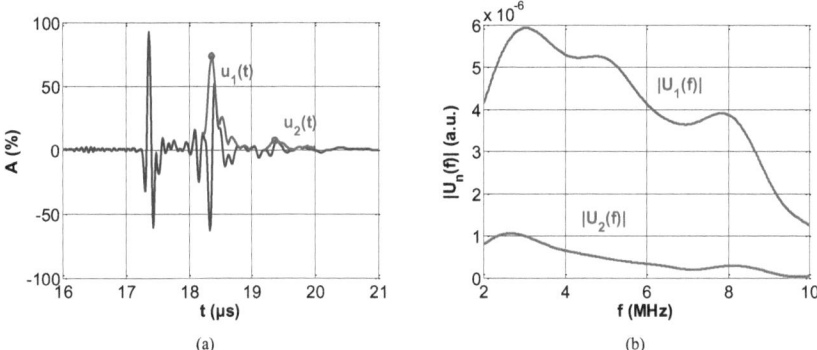

(a)   (b)

Figure 4.14: Configuration de la caractérisation d'une peau composite "saine". Représentation des signaux temporels u$_1$(t), u$_2$(t) et le module de leurs spectres $|U_1(f)|$ et $|U_2(f)|$.

Comme l'illustre la Figure 4.14 (a), les temps d'arrivée des échos $u_1(t)$ et $u_2(t)$ sont respectivement $t_{1,rt} = 18{,}41$ µs et $t_{2,rt} = 19{,}42$ µs. En utilisant l'épaisseur de la peau composite $d_C \approx 1{,}6$mm, on peut évaluer la vitesse des ondes longitudinales $c_{C,tof}$ par mesure de temps de vol selon la relation :

$$c_{C,tof} = \frac{2d_C}{t_{1,rt} - t_{2,rt}} \approx 3140 \text{ m/s} \tag{4.15}$$

Cette vitesse longitudinale $c_{C,tof}$ mesurée par temps de vol est le résultat d'une moyenne pondérée de la fonction de transfert spectrale $\underline{W}(f)$ à travers le composite par la dispersion de la vitesse des ondes longitudinales $c_C(f)$ obtenue par une méthode spectrale. La fonction de transfert $\underline{W}(f)$ est le rapport des spectres complexes $\underline{U}_1(f)$ et $\underline{U}_2(f)$ (Figure 4.14 (b)) correspondant respectivement aux échos $u_1(t)$ et $u_2(t)$ (Figure 4.14 (a)). On peut ainsi exprimer ces spectres comme suit :

$$\begin{cases} \underline{U}_1(f) = U_0 . e^{-j(\underline{k}_R 2 d_R + \underline{k}_C 2 d_C)} T_{R/C} R_{C/A} T_{C/R} \\ \underline{U}_2(f) = U_0 . e^{-j(\underline{k}_R 2 d_R + \underline{k}_C 4 d_C)} T_{R/C} R_{C/A} R_{C/R} R_{C/A} T_{C/R} \end{cases} \quad (4.16)$$

où U_0 désigne l'amplitude de référence du signal émis, $\underline{k}_R$ et $\underline{k}_C$ sont les nombres d'onde complexes, d_R et d_C sont respectivement les épaisseurs du sabot en *Rexolite*® et de la peau composite. Les termes $T_{i/j}$ et $R_{i/j}$ sont respectivement les coefficients de réflexion et de transmission. Pour alléger les notations, on utilise les expressions $\{i/j\}$ avec les indices i, j pour différencier les différentes interfaces $\{R/C\}$, $\{C/A\}$, $\{C/R\}$ entre les différentes couches à savoir le *Rexolite*® (R), la peau en composite (C) et le milieu suivant qui est de l'air (A). Ainsi, la fonction de transfert $\underline{W}(f)$ dépend du nombre d'onde complexe dans le composite $\underline{k}_C = \omega/c_C - j\alpha_C$ et a pour expression :

$$\underline{W}(f) = \frac{\underline{U}_2(f)}{\underline{U}_1(f)} = e^{-j\underline{k}_C 2 d_C} R_{C/R} R_{C/A} \quad (4.17)$$

où $R_{C/R}$ et $R_{C/A}$ sont respectivement les coefficients de réflexion au niveau des interfaces composite/*Rexolite*® et composite/air.

Le milieu composite étant atténuant et très inhomogène, les propriétés dispersives qui le caractérisent sont la vitesse des ondes ultrasonores $c_C(f)$ et l'atténuation $\alpha_C(f)$ longitudinales des ondes ultrasonores au sein du matériau même. Leurs expressions sont déduites à partir de la fonction de transfert (relation (4.17)) et on obtient :

$$\begin{cases} c_C(f) = \dfrac{2 d_C \omega}{Arg\left(\dfrac{\underline{W}}{R_{C/R} R_{C/A}}\right)} \\ \alpha_C(f) = \dfrac{1}{2 d_C} \log\left(\dfrac{R_{C/R} R_{C/A}}{|\underline{W}|}\right) \end{cases} \quad (4.18)$$

Les propriétés acoustiques de la peau composite ainsi que celles du sabot en *Rexolite*® sont déduites de la même façon dans la bande passante du transducteur ME. Sur la Figure 4.15, les caractéristiques du spectre de rétrodiffusion sont tracées pour 4 MHz $< f <$ 12 MHz pour la peau composite.

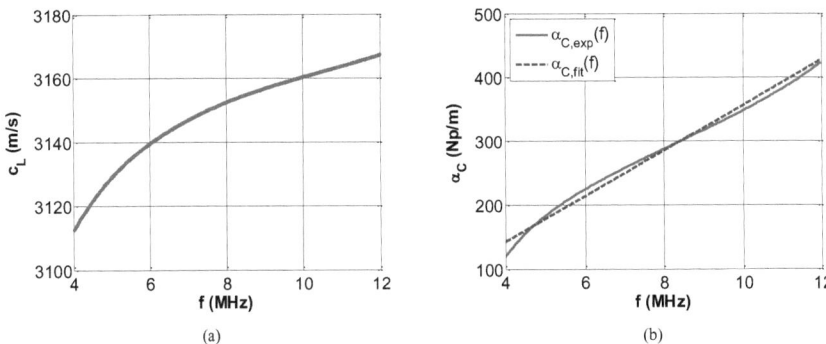

Figure 4.15 : Vitesse des ondes longitudinales c_C (m/s) (a) et atténuation α_C (Np/m) dans la peau composite calculées dans la bande passante (4 MHz $< f <$ 12 MHz) du transducteur ME.

Que ce soit dans le composite, ou le *Rexolite*®, la vitesse $c(f)$ et l'atténuation $\alpha(f)$ dépendent de la fréquence. Au premier ordre, la vitesse longitudinale n'est pas constante. On relève $c(f_0) = c_0$ la vitesse longitudinale caractéristique à la fréquence de référence f_0. L'atténuation longitudinale varie linéairement avec la fréquence dans la bande passante du transducteur ME suivant la relation $\alpha(f) = \alpha_0 . f/f_0$ où f_0 est la fréquence de référence. Par régression linéaire, on peut déterminer α_0 pour ces deux matériaux. Le Tableau 4.2 ci-dessous illustre les propriétés de la peau composite et du *Rexolite*® à la fréquence de référence f_0 = 8 MHz où $Z = \rho c_L$ désigne l'impédance acoustique avec ρ : la masse volumique et c_L : la vitesse longitudinale.

Matériau	ρ (kg/m³)	c_0 (m/s)	α_0 (Np/m)	Z (MRay)
Rexolite®	1050	2380	26,5	2,5
Composite	1530	3150	285	4,82

ρ : densité ; c_0 : vitesse longitudinale à f_0 = 8 MHz ; α_0 : dépendance linéaire de l'atténuation longitudinale à f_0 = 8 MHz ; Z : impédance acoustique.

Tableau 4.2 : Propriétés acoustiques des matériaux composite et *Rexolite*® à f_0 = 8 MHZ.

Finalement, le coefficient de réflexion $R_{R/C}$ à l'interface entre le sabot en *Rexolite*® et la peau composite a pour valeur :

$$R_{R/C} = \frac{Z_C - Z_R}{Z_C + Z_R} \approx 0,317 \qquad (4.19)$$

Pour caractériser le collage à l'interface peau/nid d'abeille pour les sandwichs, on prend alors en compte les interactions au niveau de l'interface. Ensuite, un coefficient de réflexion $R_{3/C}$ est défini, ce paramètre est alors étudié avec les mesures ultrasonores par le transducteur ME.

4.3.2.4 Étude de la réflexion à l'interface peau/nid d'abeille d'une plaque sandwich « saine » G01

La configuration est similaire à celle utilisée pour la caractérisation d'une peau composite seule, mais il faut prendre en compte maintenant le joint de colle et les parois du nid d'abeille. La dernière couche, qui était de l'air dans la configuration précédente, est remplacée par de la colle ou de l'aluminium ou rien s'il s'agit d'une zone de collage défectueuse. Afin de différencier cette étude de celle de la caractérisation d'une peau seule, nous notons maintenant les échos des deux premiers allers-retours $s_1(t)$ et $s_2(t)$. Ces échos correspondent aux signaux illustrant la propagation dans le sabot seulement puis dans la bicouche {$Rexolite^{®}$ + peau composite} avec notamment la réflexion à la jonction avec le nid d'abeille $\underline{R}_{3/C}$. Les spectres de ces deux signaux s'écrivent :

$$\begin{cases} \underline{S}_1(f) = U_0 . e^{-j(\underline{k}_R 2 d_R)} \underline{R}_{R/C} \\ \underline{S}_2(f) = U_0 . e^{-j(\underline{k}_R 2 d_R + \underline{k}_C 2 d_C)} T_{R/C} \underline{R}_{C/3} T_{C/R} \end{cases} \quad (4.20)$$

Le coefficient de réflexion $\underline{R}_{3/C}$ est complexe. Il permet donc de renseigner sur le milieu 3 comme évoqué précédemment. La fonction de transfert résultant de ces deux spectres est :

$$\underline{T} = \frac{\underline{S}_2}{\underline{S}_1} = T_{R/C} T_{C/R} \frac{\underline{R}_{C/3}}{\underline{R}_{R/C}} e^{-j\underline{k}_C 2 d_C} \quad (4.21)$$

On peut exprimer les coefficients de transmission $T_{i/j}$ et les coefficients de réflexion $R_{i/j}$ au niveau des deux interfaces ($Rexolite^{®}$/composite et composite/nid d'abeille (3)) respectivement par les relations ci-dessous :

$$T_{R/C} = \frac{2Z_C}{Z_C + Z_R} \quad \text{et} \quad T_{C/R} = \frac{2Z_R}{Z_C + Z_R} \quad (4.22)$$

$$\underline{R}_{C/3} = \frac{\underline{Z}_3 - Z_C}{\underline{Z}_3 + Z_C} \quad \text{et} \quad R_{R/C} = \frac{Z_C - Z_R}{Z_C + Z_R} \quad (4.23)$$

Dans un premier temps, on exprime la relation suivante :

$$T_{R/C} T_{C/R} \frac{\underline{R}_{C/3}}{R_{R/C}} = \frac{4 Z_C Z_R}{\left(Z_C^2 - Z_R^2\right)} \underline{R}_{C/3} \quad (4.24)$$

Dans un second temps, en combinant les relations (4.21) et (4.24), on obtient l'expression du coefficient de réflexion complexe $\underline{R}_{C/3}$:

$$\underline{R}_{C/3} e^{-j\underline{k}_C 2 d_C} = \frac{\left(Z_C^2 - Z_R^2\right)}{4 Z_C Z_R} \underline{T} \quad (4.25)$$

Pour une caractérisation pratique de la peau composite de la plaque sandwich « saine » G01, ce résultat (équation (4.25)) est utilisé et par l'intermédiaire de la fonction de transfert T complexe compensée par l'atténuation évaluée précédemment dans la peau composite (équation (4.18)). Ensuite, le coefficient de réflexion de la peau composite peut être exprimé comme suit :

$$\underline{R}_C = \frac{\left(Z_C^2 - Z_R^2\right)}{4 Z_C Z_R} \underline{T} e^{+\alpha_C 2 d_C} = \underline{R}_{C/3} e^{-j\frac{\omega}{c_C} 2 d_C} \quad (4.26)$$

Une analyse spectrale de la réflexion à l'interface composite/nid d'abeille est possible et on peut en déduire une vitesse des ondes ultrasonores dans le composite et la disposition des cellules du nid d'abeille. En effet la partie réelle du coefficient de réflexion de la peau composite $\Re\{\underline{R_C}\}$ varie en fonction de la fréquence et cette variation est périodique, de période $\theta_C = (\omega/c_C).2d_C$, correspondant à la phase au cours de la propagation. Cette périodicité est déterminée par l'écart entre deux maxima successifs $(\Delta\omega/c_C).2d_C = 2\pi$, c'est-à-dire $\Delta f = c_C / (2d_C) = 0.975$ MHz. Ce résultat donne une vitesse longitudinale effective des ondes dans le composite $c_C \approx 3120$ m/s.

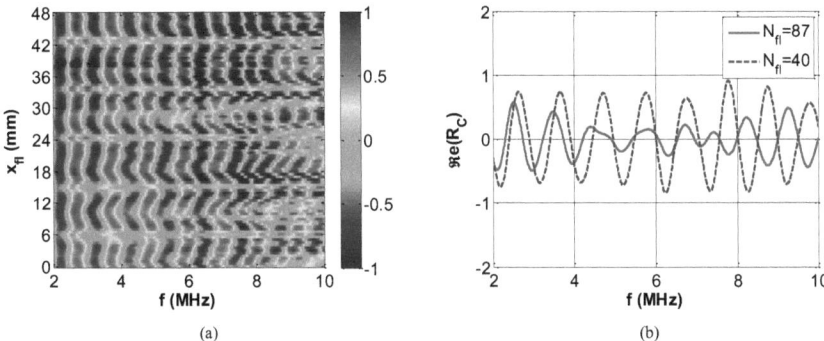

Figure 4.16: Partie réelle du coefficient de réflexion $\Re$ (R_C) de la peau composite. Représentation suivant la longueur totale du champ expertisé $x_{fl} = 48$mm (a) et coupes aux lois focales $N_{fl} = 40$ et $N_{fl} = 87$.

La Figure 4.16 (a) illustre le tracé de la partie réelle de l'amplitude du spectre 2D des coefficients de réflexion de la peau composite $\Re\{\underline{R_C}\}$ en fonction de la fréquence et de la position des lois focales x_{fl}. Une périodicité spatiale liée à la disposition du nid d'abeille peut être identifiée le long des positions focales x_{fl}. Comme déterminé par les mesures par interférométrie laser où la taille des cellules des nids d'abeille vaut 9 mm, on retrouve aussi une taille de cellule estimée à $D_{c,R} \approx 9$ mm. Comme l'illustrent les deux courbes obtenues à deux positions différentes $n_{fl} = 40$ et $n_{fl} = 87$ (Figure 4.16 (b)), la partie réelle des coefficients de réflexion de la peau composite $\Re\{\underline{R_C}\}$ varie en fonction de la position des lois focales x_{fl}. D'une part, la courbe en trait plein correspond à un coefficient de réflexion relativement faible donc lié à une transmission dans le joint de colle et/ou les stries du nid d'abeille au niveau de l'interface. D'autre part, la courbe en pointillés correspond à un coefficient de réflexion important lié au fort contraste d'impédance acoustique entre la peau composite et l'air confiné dans les cellules du nid d'abeille.

4.4 Imagerie et détection de défaut d'adhésion

4.4.1 Comparaison DSM et mesures

Dans un premier temps, nous confrontons les résultats obtenus par la simulation de la réponse électroacoustique par la décomposition en série de Debye (DSM) de la structure sandwich avec les mesures obtenues sur la plaque sandwich G01 à l'aide du transducteur ME. Nous représentons les B-scans issus de la concaténation des signaux temporels pour les 97 lois (expérience, Figure 4.17 (a)) et celle de tous les échos résultants de la rétrodiffusion (simulation, Figure 4.17 (b)).

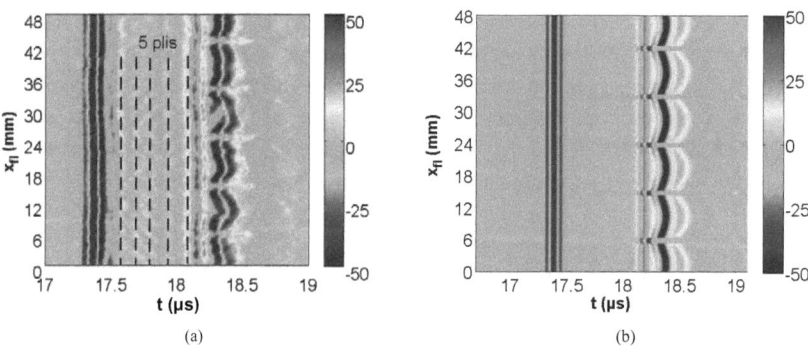

Figure 4.17: Images B-scan d'une plaque sandwich "saine" (G01). Expériences avec le transducteur ME (a) et simulation par la méthode DSM (b).

Sur le B-scan expérimental, les cinq plis constituant la peau composite sont clairement visibles (Figure 4.17 (a)). En outre, l'écho du premier aller-retour correspondant au *Rexolite*® apparait à $t = 17,3$ µs et reste parallèle à la position des lois focales x_{fl}. Dans une première approche aussi, on estime la taille des cellules du nid d'abeille à $D_{C,B\text{-}scan} = 9$ mm. De plus, la différence d'impédance entre la peau composite et le joint de colle est faible, d'où une interface peu échogène. Ainsi, le deuxième écho, relativement faible, correspond à la peau composite et apparait à environ $t = 18,15$ µs. Ensuite, au niveau des positions $x_{fl} = 6, 15, 24, 33$ et 42 mm, il n'y pratiquement pas de réflexion, tandis qu'aux alentours de $t = 18,3$ µs, l'épaisseur de colle à l'interface avec l'air donne lieu à un écho marqué. La principale différence observée est l'absence de plis de carbone pour la simulation par la méthode DSM (Figure 4.17 (b)), ce qui était attendu du fait que nous avons considéré la peau composite homogène. La méthode DSM parvient tout de même à simuler le troisième écho qui apparait périodiquement le long de la position des lois focales.

4.4.2 Détection de délaminage (plaque G02) par transducteur ME

Au chapitre 2, la localisation de défaut dans l'épaisseur et l'évaluation de son diamètre ont été réalisées, pour un défaut de type délaminage dans la plaque G02 par propagation d'ondes de Lamb. Dans cette partie, nous confortons ce résultat avec les mesures effectuées avec le transducteur ME.

Nous construisons un B-scan sur toutes les acquisitions (48 mm) qui permet de comparer les échos temporels (Figure 4.18 (a)). En réduisant la base de temps, on peut distinguer séparément les différents échos réfléchis. En particulier, l'écho réfléchi par le sabot en *Rexolite*® est bien visible à environ $t = 17,3$ µs. Celui réfléchi au niveau de la surface du composite apparait à $t = 17,5$ µs et la différence de temps ($\Delta t = 0,2$ µs) correspond au temps de propagation dans le gel couplant (très aqueux). Par la suite, les échos réfléchis par le film *Teflon*® à $t = 17,75$ µs et par l'interface peau-nid d'abeille à $t = 18,5$ µs sont déduits. La représentation de type A-scan aux positions $x_{fl} = 6$ mm et $x_{fl} = 24$ mm illustre ces deux signaux (Figure 4.18 (b)).

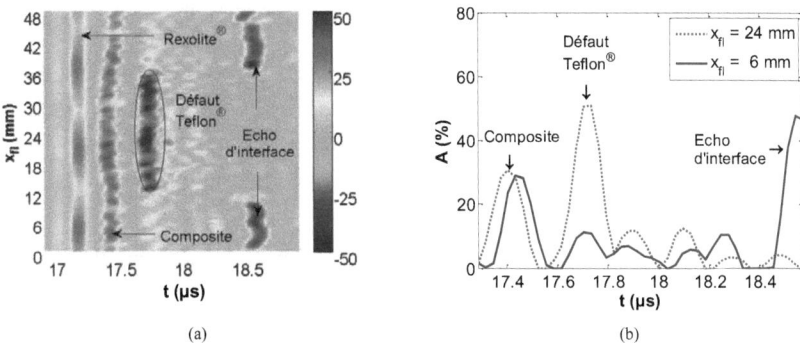

Figure 4.18: Localisation et dimensionnement d'un délaminage (insertion d'un film *Teflon*®). Image B-scan (a) et déduction des échos (A-scans) aux positions x_{fl} = 6 mm et x_{fl} = 24 mm (défaut) (b).

Après l'inspection, on conclut que le défaut a été inséré à la position h = 0,7 mm sachant que l'épaisseur de la peau en entier est d_C = 1,6 mm. Sa forme est à peu près circulaire et son diamètre vaut D = 24 mm (déductible à partir des positions x_{fl} = 12 et 36 mm).

La représentation C-scan s'impose pour établir une cartographie permettant une visualisation de la structure. L'image est construite par concaténation des maximums des enveloppes du signal de chaque loi focale dans la zone inspectée y_{acq} et pour chaque acquisition. Une acquisition est une ligne de l'image C-scan correspondant à un balayage de toutes les lois focales. La fréquence d'acquisition du *TomoScan Focus LT*® est estimée f_{acq} = 20 Hz correspondant à un temps nécessaire égal à T_{acq} = 1/20 s. Ainsi, nous définissons la date t_{acq}, correspondant au début de chaque acquisition. La relation ci-dessous permet d'écrire cette date t_{acq} et pour chaque acquisition n_{acq} :

$$t_{acq} = \frac{n_{acq} - 1}{f_{acq}} \qquad (4.27)$$

Le nombre d'acquisitions N_{acq} étant fixé à 201, les dates associées à chacune des acquisitions n_{acq} = 1 à N_{acq} est alors de t_{acq} = 0 à t_{acq} = 10 s. Dans ces conditions la vitesse de balayage $v_{acq} = y_{acq}/t_{acq}$ pour explorer la zone $\{y_{acq}; x_{fl}\}$ est de 4,8 mm/s. Un signal 3D $s(t, x_{fl}, y_{acq})$ est obtenu et permet de définir un C-scan de $N_{fl} \times N_{acq}$ = 97 × 201 points de coordonnées (x_{fl}, t_{acq}), comme suit :

$$s_C(x_{fl}, y_{acq}) = \max \left\{ s(t, x_{fl}, y_{acq}) \right\}_{t_{min} < t < t_{max}} \qquad (4.28)$$

Pour l'inspection de la plaque G02, l'image C-scan (Figure 4.19 (d)) est obtenue en moyennant les maxima des amplitudes à chaque position focale $0 < x_{fl} < X_{fl}$ = 48 mm et pour chaque distance d'acquisition $0 < y_{acq} < Y_{acq}$ = 48 mm suivant le temps d'aller-retour t, dans la fenêtre d'observation t_{min} = 18 μs à t_{max} = 18,5 μs.

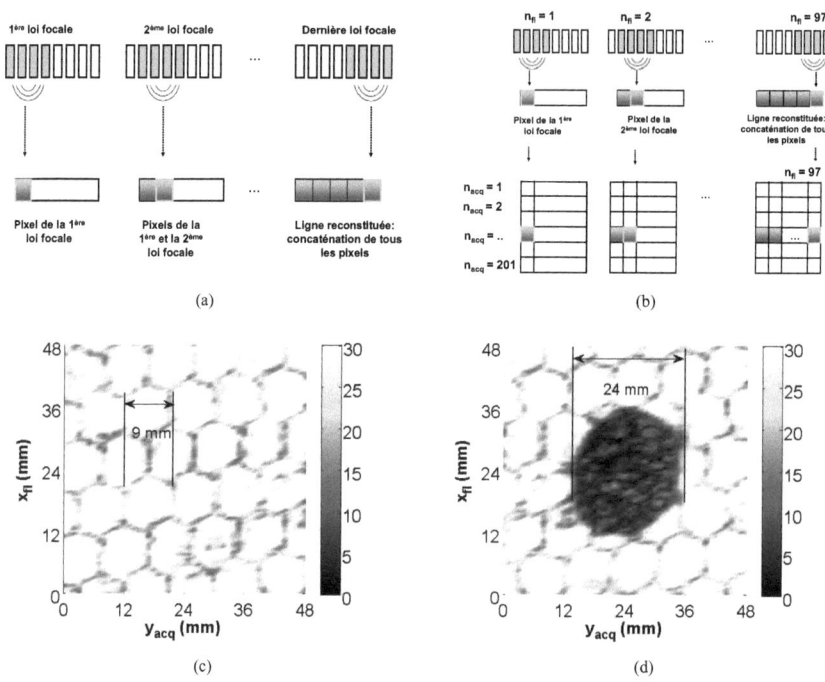

Figure 4.19: Principe de construction d'une cartographie C-scan avec un transducteur ME. Un pixel par loi focale (a), une ligne de pixels par acquisition (b) et cartographie des plaques G01 (c) et G02 (d).

À partir de l'image C-scan de la plaque G02 (Figure 4.19 (d)), la qualité du collage peut être évaluée dans un premier temps. En effet, le faible contraste correspond à l'interface composite/air (même si le joint de colle existe dans tous les cas) et le contraste moyen décrivant des hexagones répartis régulièrement sur l'image correspond à l'interface composite/aluminium du nid d'abeille. Le fort contraste correspond au défaut de *Teflon*® inséré volontairement par le fabriquant pour simuler un délaminage. Ce dernier n'est pas parfaitement circulaire (étalement dû au cycle de polymérisation lors de la mise en œuvre), mais on peut évaluer approximativement son diamètre à $D = 24$ mm suivant x_{fl} et aussi suivant y_{acq}. D'autres échantillons du lot de plaques sandwichs G ont aussi été testés avec le transducteur ME. En utilisant les mêmes configurations, les défauts insérés sont localisés et dimensionnés notamment avec les visualisations B-scan et C-scan.

4.4.3 Détection des autres défauts à l'interface composite/nid d'abeille

Toutes les plaques ont les mêmes dimensions et les défauts d'adhésion sont insérés en leurs centres mais à des positions différentes au niveau de l'interface. La Figure 4.20 ci-dessous illustre les différentes images obtenues sur trois autres types de défauts associés aux plaques du lot G (Tableau 3.1 du chapitre 3) que sont :

- G04 : séparateur adhésif circulaire de diamètre $D = 24$mm placé entre le joint de colle et le nid d'abeille,

- G05 : séparateur adhésif circulaire de diamètre D = 24mm placé entre le joint de colle et la peau composite,

- G06 : film *Teflon*® en contact direct avec le nid d'abeille sans adhésif.

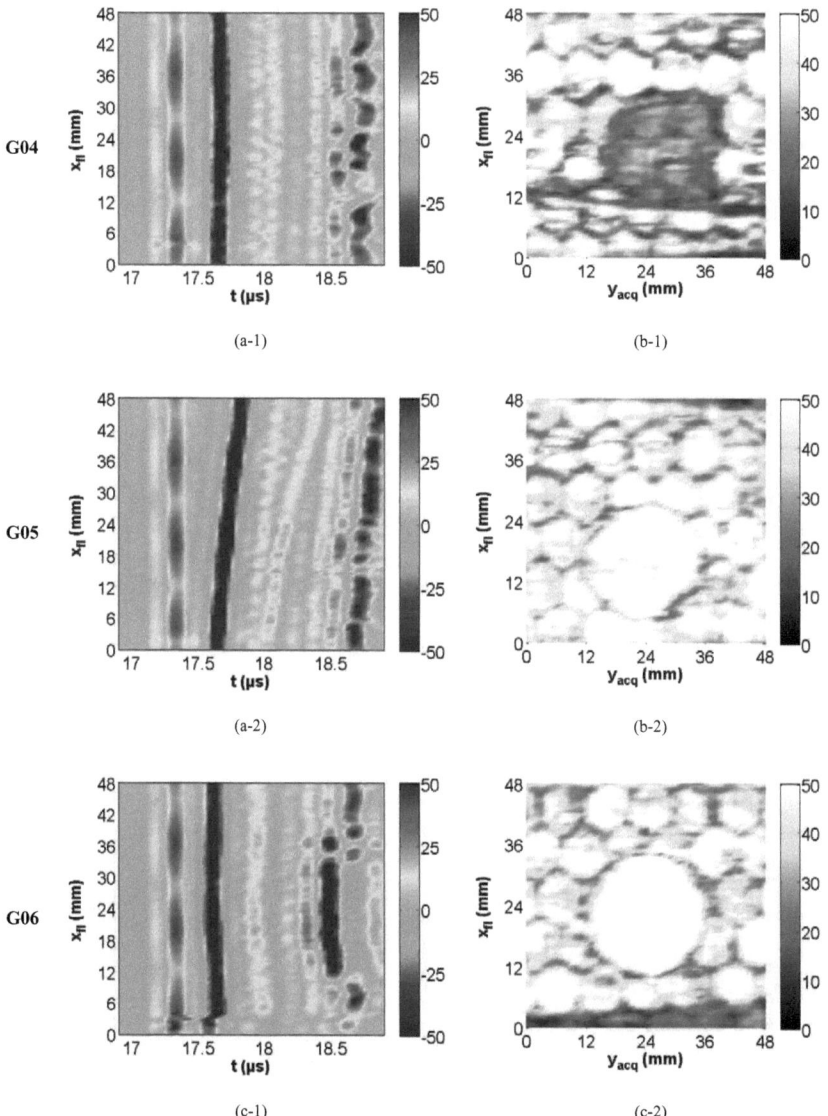

Figure 4.20: Détection de défauts d'adhésion sur les autres plaques sandwichs G04, G05 et G06.

On peut observer que lorsque le défaut est un séparateur d'adhésif ($\rho \approx 1160$ kg/m^3), il est difficilement détectable sur le B-scan (Figure 4.20 (a-1) et (a-2)), mais il est rendu clairement visible sur l'image C-scan (Figure 4.20 (b-1) et (b-2)). Par contre si le défaut est du *Teflon*® ($\rho \approx 2160$ kg/m^3), il est visible que ce soit en visualisation B-scan comme C-scan. Les contrastes obtenus sur ces images s'expliquent par les différences d'impédance, donc de coefficients de transmission et de réflexion des ultrasons et de la disposition ou de l'emplacement du défaut suivant l'épaisseur. En effet, les amplitudes les plus fortes sur les B-scans (colonne de gauche) correspondent à une forte transmission; c'est ainsi que nous distinguons, dans les trois cas, en plus de l'écho du *Rexolite*®, les échos réfléchis au niveau des plis constituant la peau et sur la plaque G06, le *Teflon*® inséré à la place de l'adhésif est bien repéré. Le séparateur d'adhésif de densité plus faible placé entre l'adhésif et le nid d'abeille (G04) et entre l'adhésif et la peau (G05) reste indécelable en imagerie B-scan. En revanche, sur les images de type C-scan (colonne de droite), tous les défauts sont visibles et on peut même estimer leur diamètre ($D = 24$ mm) suivant x_{fl} ou y_{acq}. Sur les images C-scan, une inversion des niveaux d'amplitude a été effectuée. Le fort contraste (0 à 25) correspond à de fortes transmissions des ultrasons. Ainsi, le séparateur d'adhésif inséré dans la plaque G04 se situe bien entre le joint de colle et le nid d'abeille. Pour les deux autres plaques, on note une faible voire inexistante transmission des ultrasons sur les défauts des plaques G05 et G06, respectivement. Ces faibles transmissions peuvent s'expliquer par la présence de l'air au niveau des contacts peau composite/défaut.

4.5 Conclusion

À travers les sondes multiéléments, nous avons mis en évidence l'utilité des ondes de volume pour le CND des matériaux sandwich à âme en nid d'abeille. Les propriétés des matériaux tels que la vitesse et l'atténuation dans la plaque composite ont été déterminées le long de la ligne de balayage de la sonde. On peut voir que ces propriétés dépendent de la fréquence. Les ondes ultrasonores qui se propagent dans la peau composite ont une vitesse longitudinale à peu près constante. Cette vitesse est évaluée à $c_C \approx 3120$ m/s dans la bande passante du transducteur en utilisant la partie réelle du coefficient de réflexion $\Re\{R_C\}$. La simulation de la réponse électroacoustique en utilisant la décomposition DSM donne quelques informations supplémentaires telles que le profil du joint de colle après le collage ou la taille des cellules du nid d'abeille en aluminium. Une comparaison de cette simulation avec la réponse électroacoustique du transducteur multiéléments inspectant le composite en nid d'abeille est réalisée. Enfin, un bon accord entre l'expérience et la simulation est trouvé. Les images B-scan et C-scan indiquent clairement la disposition des cellules du nid d'abeille ainsi que la taille des différents défauts dans les différents échantillons testés. Cette étude avec les technologies multiéléments complètent les résultats obtenus en utilisant la propagation d'ondes de Lamb. En plus de détecter les plis ou défauts au niveau des peaux composites avec les vues de type B-scan, des visualisations dans le plan parallèle à la surface permettent de dimensionner les différents défauts circulaires.

4.6 Références

[1]   S. Song, H. Shin, and Y. Jang, "Development of an ultrasonic phased array system for non-destructive tests of nuclear power plant components," *Nucl Eng Design*, vol. 214, pp. 151–61, 2002.

[2]   S. Chatillon, G. Cattiaux, M. Serre, and O. Roy, "Ultrasonic non-destructive testing of pieces of complex geometry with a flexible array transducer," *Ultrasonics*, vol. 38, pp. 131–134, 2000.

[3]   S. Mahaut, O. Roy, C. Beroni, and B. Rotter, "Development of phased array techniques to improve characterisation of defect located in a component of complex geometry.," *Ultrasonics*, vol. 40, pp. 165–169, 2002.

[4]   R. Smith, J. Bending, L. Jones, T. Jarman, and D. Lines, "Rapid ultrasonic inspection of ageing aircraft," *Insight*, vol. 45 (3), pp. 174–177, 2003.

[5]   C. Brotherhood, B. Drinkwater, and R. Freemantle, "An ultrasonic wheel-array sensor and its application to aerospace structures," *Insight*, vol. 45 (11), pp. 729–734, 2003.

[6]   S. Wooh and Y. Shi, "Influence of phased array element size on beam steering behavior," *Ultrasonics*, vol. 36, pp. 737–749, 1998.

[7]   G. Shen, J.Wu, and F. Boada, "Multiple channel phased arrays for echo planar imaging," *Magnetic Resonance Materials in Physics, Biology and Medicine*, vol. 11, pp. 138–143, 2000.

[8]   Y. Sun, Y. Kang, and C. Qiu, "A new ndt method based on permanent magnetic field perturbation," *NDT&E International*, vol. 44, pp. 1–7, 2011.

[9]   M. Lethiecq, C. Pejot, M. Berson, P. Guillemet, and A. Roncin, "An ultrasonic array-based system for real-time inspection of carbon-epoxy composite plates," *NDT&E International*, vol. 27, no. 6, pp. 311–315, 1994.

[10]   J. Ogilvy, "A model for the ultrasonic inspection of composite plates," *Ultrasonics*, vol. 33, pp. 85–93, 1995.

[11]   B. W. Drinkwater and P. Wilcox, "Ultrasonic arrays for non-destructive evaluation: A review," *NDT&E International*, vol. 39, pp. 525–541, 2006.

[12]   D. P. C. Li, P. Wilcox, and B. Drinkwater, "Imaging composite material using ultrasonic arrays," *NDT&E International*, vol. 53, pp. 8–17, 2013.

[13]   A. Bruma, R. Grimberg, and A. Savin, "Non destructive evaluation of carbon epoxy composites using ultrasound phased array," *Evaluare nedestructivà*, pp. 29–35, 2008.

[14]   N. Samet, P. Maréchal, and H. Duflo, "Ultrasonic characterization of a fluid layer using a broadband transducer," *Ultrasonics*, vol. 52, pp. 427–434, 2012.

[15]   J. Conoir, *La diffusion acoustique*. N. Gespa, CEDOCAR Paris, 1987.

[16] A. Khaled, P. Maréchal, O. Lenoir, M. E.-C. El-Kettani, and D. Chenouni, "Study of the resonances of periodic plane media immersed in water: Theory and experiment," *Ultrasonics*, vol. 53, no. 3, pp. 642–647, 2013.

[17] W. Thomson, "Transmission of elastic waves through a stratified solid medium," *J. Appl. Phys.*, vol. 21, pp. 89–93, 1950.

[18] N. Haskell, "The dispersion of surface waves in multilayered media," *Bull. Seism. Soc. Am.*, vol. 43, pp. 17–34, 1953.

[19] Olympus, "Phased array testing : basic theory for industrial applications," in *NDT Field Guides*, Olympus NDT, 2007.

[20] N. Samet, P. Maréchal, and H. Duflo, "Ultrasound monitoring of bubble size and velocity in a fluid model using phased array transducer," *NDT&E International*, vol. 44, no. 7, pp. 621–627, 2011.

[21] S. Wooh and Y. Shi, "Optimum beam steering of linear phased arrays," *Wave Motion*, vol. 29, pp. 245–265, 1999.

[22] L. Azar, Y. Shi, and S. Wooh, "Beam focusing behavior of linear phased arrays," *NDT&E International*, vol. 33, pp. 189–198, 2000.

[23] H. Jeong and D. Hsu, "Experimental analysis of porosity-induced ultrasonic attenuation and velocity change in carbon composites," *Ultrasonics*, vol. 33, no. 3, pp. 195–203, 1995.

Chapitre 5 Évaluation du vieillissement thermique de matériaux composites par mesure d'impédance électromécanique d'un transducteur en contact.

5.1 Introduction

Dans le chapitre 3, les ondes de Lamb ont été utilisées pour une évaluation non destructive du vieillissement thermique des matériaux composites. Des micrographies réalisées au MEB ont révélé l'apparition de fissures dues à l'oxydation par l'air dès 1000 heures de vieillissement et d'endommagement à partir de certaines durées de vieillissement plus élevées [1, 2]. Pour les plaques de type monolithique, un vieillissement pendant une durée très élevée entraine une diminution des propriétés mécaniques et pour les plaques sandwichs. Aussi la vitesse de phase du premier mode de Lamb antisymétrique A_0 diminue considérablement en fonction de la durée de vieillissement caractéristique d'un état d'endommagement des différents échantillons.

Dans ce chapitre, la méthode de la mesure d'impédance électromécanique d'un transducteur en contact avec l'échantillon à tester est développée. Cette méthode d'évaluation non destructive fonctionne en émission-réception d'ondes ultrasonores et est ici utilisée pour évaluer le vieillissement des plaques monolithiques F [3] et des plaques sandwichs HS [4]. Cette méthode peut aussi être utilisée pour mesurer le taux de porosité [5] dans les structures composites. En effet, la présence de porosité dans un matériau provoque une atténuation des ondes ultrasonores plus importante, directement mesurable par impédancemétrie, faisant de cette méthode un bon estimateur de son état de vieillissement [6, 7].

L'impédance électromécanique mesurée aux bornes d'un transducteur en contact avec une plaque présente des oscillations qui correspondent aux fréquences de résonance du système {transducteur + plaque}. En effet, si les caractéristiques du transducteur sont connues, il est alors possible de remonter à l'impédance acoustique de la plaque et par conséquent à la vitesse longitudinale des ondes ultrasonores dans la plaque.

Un transducteur de contact *Sonaxis*® est utilisé pour les mesures. Dans un premier temps, sur la base du modèle de Mason [8] une couche piézoélectrique est modélisée ; dans un second temps un transducteur est modélisé dans sa globalité. Des études antérieures ont montré que l'impédance électrique d'une pastille piézoélectrique est modifiée de façon importante quand elle est en contact avec un milieu viscoélastique [9] ou composite [10, 11]. La dégradation hydrolitique d'un composite a été aussi caractérisée moyennant les vibrations en épaisseur de pastilles piézoélectriques. Cette méthode a été aussi appliquée sur des matériaux polymères très dispersifs par Perrisin-Fabert et Jayet [12]. L'utilisation de pastilles piézoélectriques en basse fréquence vibrant selon ses modes radiaux a permis de déceler des défauts du type délaminage. C'est ainsi que Giurgiutiu, Zagrai et Rogers [13, 14] ont montré l'endommagement de poutres composites, la détection de fissures dans des plaques d'aluminium en décelant des zones corrodées ainsi que sur d'autres structures plus complexes.

D'autres études toujours par mesure d'impédance électromécanique, via des patches piézoélectriques collés, révèlent des niveaux d'endommagement dans des structures en béton armé ou encore sur des structures en matériaux composites [15, 16, 17].

5.2 Propagation d'ondes dans une ligne de transmission

Une ligne de transmission électromagnétique permet la transmission d'énergie électrique dans de nombreux domaines. La propagation d'ondes dans des câbles coaxiaux par exemple est caractérisée par deux paramètres secondaires : l'impédance caractéristiques Z_0 et la vitesse de propagation v_0. Ces caractéristiques sont exprimées en fonction des paramètres primaires ou constantes réparties par unité de longueur de ligne (L_0, C_0, R_0, G_0), où (L_0, C_0) décrivent la partie propagative et (R_0, G_0) décrivent la partie dissipative de la propagation.

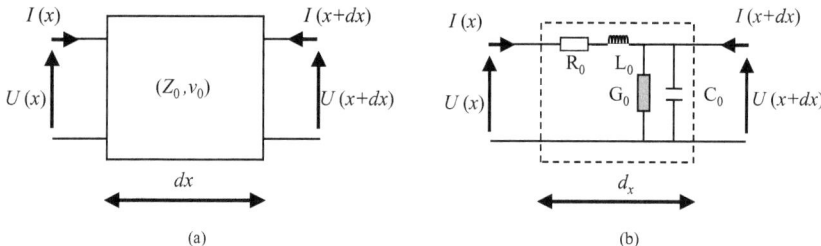

Figure 5.1 : Schéma électrique équivalent d'une ligne de propagation. Quadripôle élémentaire (a) et décomposition en association de dipôles (b) [18].

Les paramètres secondaires d'une ligne de transmission s'expriment en fonction des constantes réparties suivant les relations décrites ci-dessous :

$$\begin{cases} Z_0 = \sqrt{\dfrac{R_0 + j\omega L_0}{G_0 + j\omega C_0}} \\ v_0 \approx \dfrac{1}{\sqrt{L_0 C_0}}\left(1 + \dfrac{1}{8\omega}\left(\dfrac{R_0}{L_0} - \dfrac{G_0}{C_0}\right)^2\right) \end{cases} \quad (5.1)$$

Dans le cas d'une ligne sans perte on écrit alors :

$$\begin{cases} Z_0 = \sqrt{\dfrac{L_0}{C_0}} \\ v_0 = \dfrac{1}{\sqrt{L_0 C_0}} \end{cases} \quad (5.2)$$

Dans le cas de la mesure de l'impédance d'un transducteur relié à un impédancemètre via un câble coaxial, il est nécessaire de déterminer l'impédance du transducteur ramenée à travers ce câble. Cette impédance ramenée s'obtient lorsqu'en bout de ligne une charge y est adjointe. De façon générale, l'expression de l'impédance en bout de ligne $Z_{in,l}$ s'exprime en fonction de R_0 la charge en bout de ligne, Z_0 l'impédance caractéristique du câble, $k = \omega/v_0$ le nombre d'onde, et l la longueur du câble :

$$Z_{in,l} = Z_0 \frac{Z_{charge} + jZ_0 \tan(kl)}{Z_0 + jZ_{charge} \tan(kl)} \tag{5.3}$$

Dans le cas d'une charge adaptée, $Z_{charge} = Z_0$, et on a bien $Z_{in,l} = Z_0$. Par la suite, on utilisera des câbles coaxiaux ayant des caractéristiques $(Z_0, v_0) = (50\ \Omega,\ 2.10^8\ m/s)$ standard pour les mesures d'impédance électromécanique d'un transducteur, en considérant les pertes électromagnétiques (R_0, G_0) négligeables.

5.3 Modélisation de l'impédance électromécanique

5.3.1 Transducteur

Un transducteur ultrasonore piézoélectrique de contact est constitué d'un élément piézoélectrique, auquel sont adjoints une ou plusieurs lame(s) adaptatrice(s). En face arrière de la pastille piézoélectrique, un milieu arrière absorbant et plus ou moins adapté est ajouté. Dans la littérature, deux modèles sont souvent proposés pour modéliser le comportement électromécanique d'un transducteur. Il s'agit du modèle de Mason [19] et du modèle KLM (pour Krimholtz, Leedom et Mattei) [20]. Dans le cadre de la mesure d'impédance électromécanique d'un transducteur en contact avec un matériau vieilli, nous avons choisi de développer le modèle de Mason. Ce dernier a montré que l'on peut modéliser une couche piézoélectrique d'épaisseur d par un circuit trois ports, dont deux sont mécaniques et le troisième est électrique.

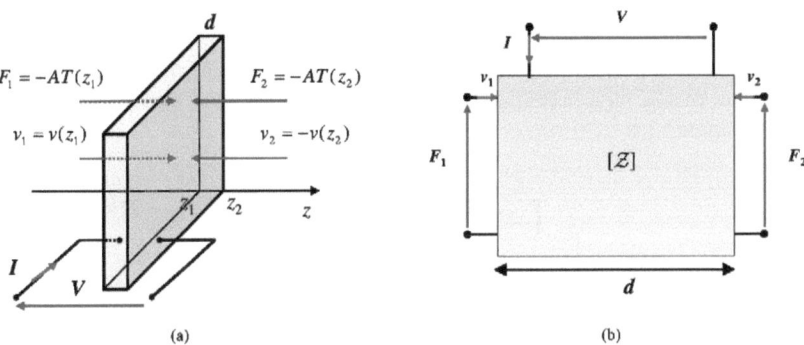

Figure 5.2: Modélisation de Mason d'une couche piézoélectrique de section A. Représentation du circuit avec ces trois ports (deux mécaniques et un électrique) (a), hexapôle à deux accès mécaniques et un accès électrique (b) [21].

La Figure 5.2 ci-dessous montre les deux ports mécaniques auxquels sont associées les grandeurs des vitesses de déplacement v_1 et v_2 et les forces appliquées F_1 et F_2. Pour le port électrique, les grandeurs associées sont la tension V et l'intensité du courant I qui circule entre les deux électrodes. On peut relier les six grandeurs en entrée et en sortie par la matrice d'impédance suivante :

$$\begin{pmatrix} F_1 \\ F_2 \\ V \end{pmatrix} = \begin{bmatrix} Z_{11} & Z_{12} & Z_{13} \\ Z_{12} & Z_{11} & Z_{13} \\ Z_{13} & Z_{13} & Z_{33} \end{bmatrix} \cdot \begin{pmatrix} v_1 \\ v_2 \\ I \end{pmatrix} \tag{5.4}$$

Avec :

$$Z_{11} = \frac{AZ_p}{j\tan(kd)} \qquad Z_{12} = \frac{AZ_p}{j\sin(kd)} \qquad Z_{13} = \frac{n}{jC_0\omega} \qquad Z_{33} = \frac{1}{jC_0\omega}$$

$$Z_p = \rho V_p \qquad n = \frac{eA}{d} \qquad k = \frac{2\pi f}{V_p} \qquad C_0 = \frac{\varepsilon^S A}{d}$$

où d est l'épaisseur, ρ est la masse volumique, V_p est la vitesse des ondes, Z_p est l'impédance acoustique, ε^S est la permittivité à déformation nulle, e est le coefficient de couplage électromécanique, A est la section droite de la couche piézoélectrique et f est la fréquence.

La couche d'adaptation aussi peut être modélisée avec le modèle de Mason en ne prenant pas en compte le port électrique du fait que le coefficient de couplage électromécanique est nul (couche élastique) et que la constante diélectrique est négligeable. Le milieu arrière est un milieu semi-infini, il peut être représenté par un dipôle. De ce fait, l'ensemble {couche d'adaptation et milieu arrière} peut être modélisé comme un milieu infini d'impédance variable avec la fréquence et les relations ci-dessous décrivent sa modélisation :

$$\begin{cases} -F_1 = Z_1 v_1 \\ Z_1 = \rho c A \end{cases} \qquad (5.5)$$

où Z_1 désigne l'impédance acoustique du milieu semi-infini, ρ sa masse volumique, c la vitesse de propagation des ondes dans le milieu et A la section droite.

L'ensemble des constituants du transducteur sont conçus de manière à élargir la bande passante du transducteur donc diminuer la durée de la réponse impulsionnelle. En utilisant la modélisation de Mason d'une couche piézoélectrique, le transducteur peut donc être représenté par le schéma équivalent suivant :

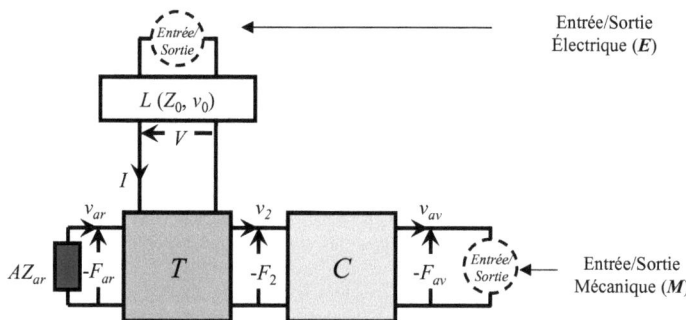

Figure 5.3: Modèle de Mason ; schéma du système équivalent au transducteur. T est la matrice de transfert de la couche piézoélectrique, C la matrice de transfert des couches d'adaptation, L est la matrice de transfert électrique fonction de (Z_0, v_0) du câble coaxial.

Le port d'entrée/sortie électrique (E) possède une impédance d'entrée électrique Z_T, le port d'entrée/sortie mécanique (M) possède une impédance d'entrée mécanique $A.Z_{av}$. De ce fait, en reprenant la relation (5.4), on peut la réécrire en ajoutant les contributions des milieux avant et arrière du transducteur comme suit :

$$\begin{pmatrix} -F_{ar} \\ -F_2 \\ V \end{pmatrix} = \begin{bmatrix} Z_{11} & Z_{12} & Z_{13} \\ Z_{12} & Z_{11} & Z_{13} \\ Z_{13} & Z_{13} & Z_{33} \end{bmatrix} \cdot \begin{pmatrix} v_{ar} \\ -v_2 \\ I \end{pmatrix} \quad (5.6)$$

où l'ensemble des constituants du milieu arrière s'exprime par : $-F_{ar} = Z_{ar}v_{ar}$. Les grandeurs d'entrée/sortie de la couche d'adaptation sont reliées par :

$$\begin{pmatrix} -F_2 \\ -F_{av} \end{pmatrix} = \begin{bmatrix} Z_{11}^c & Z_{12}^c \\ Z_{12}^c & Z_{22}^c \end{bmatrix} \cdot \begin{pmatrix} v_2 \\ -v_{av} \end{pmatrix} \quad (5.7)$$

En ramenant maintenant les contributions du milieu arrière et des couches d'adaptation au niveau de la couche piézoélectrique, on obtient la relation ci-dessous :

$$\begin{pmatrix} -F_{av} \\ V \end{pmatrix} = \begin{bmatrix} A_{11} & A_{12} \\ A_{21} & A_{22} \end{bmatrix} \cdot \begin{pmatrix} v_{av} \\ I \end{pmatrix} \quad (5.8)$$

Et par la suite, les trois paramètres caractéristiques du transducteur A_{11}, A_{12} et A_{22} sont déduits et ils se mettent sous la forme :

$$\begin{cases} A_{11} = \dfrac{(Z_{12})^2 Z_{22}^c + (Z_{11} - Z_1)\left((Z_{12}^c)^2 - Z_{22}^c(Z_{11} + Z_{11}^c)\right)}{(Z_{11}^c + Z_{11})(Z_{11} - Z_{ar}) - (Z_{12})^2} \\ A_{12} = \dfrac{Z_{13} Z_{11}^c (Z_{12} - Z_{11} + Z_{ar})}{(Z_{11}^c + Z_{11})(Z_{11} - Z_{ar}) - (Z_{12})^2} = A_{21} \\ A_{22} = Z_{33} - \dfrac{(Z_{13})^2}{Z_{11} - Z_1}\left(1 - \dfrac{(Z_{12})^2 - (Z_{11} - Z_1)^2}{(Z_{11}^c + Z_{11})(Z_{11} - Z_{ar}) - (Z_{12})^2}\right) \end{cases} \quad (5.9)$$

Dans la suite, la mesure de l'impédance électrique du transducteur couplé à trois milieux d'impédances acoustiques très différentes permet de déterminer ces trois paramètres complexes et dépendants de la fréquence, donc de connaitre la fonction de transfert électromécanique du transducteur.

5.3.2 Transducteur couplé à différents milieux

5.3.2.1 Immersion dans un milieu infini

Dans un milieu d'impédance acoustique Z_m, la force F_{av} délivrée par le transducteur est :

$$-F_{av} = Z_m v_{av} \quad (5.10)$$

L'impédance électromécanique du transducteur est déduite et elle a pour expression :

$$Z = \frac{V}{I} = \frac{A_{22}Z_m - A_{11}A_{22} + A_{12}^2}{Z_m - A_{11}} \tag{5.11}$$

Si l'on est dans l'air, on vérifie $Z_m = Z_{air} <<< A_{11}$ et par conséquent l'impédance électromécanique du transducteur s'exprime comme suit :

$$Z = \frac{V}{I} = \frac{A_{11}A_{22} - A_{12}^2}{A_{11}} \tag{5.12}$$

5.3.2.2 Couplage avec un milieu élastique

Le transducteur maintenant défini par les trois grandeurs (A_{11}, A_{12} et A_{22}) est couplé à une couche élastique d'impédance acoustique Z_c, et d'impédance d'entrée $Z_{in,c}$ (équation (5.3)) dont l'autre face est immergée dans le vide et l'expression de son comportement mécanique est :

$$-F_{av} = Z_{in,c} v_{av} \qquad \text{avec} \qquad Z_{in,c} = \frac{Z_{11}^c Z_{22}^c - Z_{12}^{c2}}{Z_{11}^c} \tag{5.13}$$

Par la suite, l'impédance électrique mesurée entre les bornes du transducteur devient alors :

$$Z = \frac{V}{I} = \frac{A_{22}Z_{in,c} - A_{11}A_{22} + A_{12}^2}{Z_{in,c} - A_{11}} \tag{5.14}$$

5.4 Dispositif expérimental de mesures

5.4.1 Mesure de l'impédance électromécanique du transducteur *Sonaxis*®

5.4.1.1 Caractéristiques et calibration du signal d'émission *chirp*

Le transducteur *Sonaxis*® de fréquence centrale 1 MHz est large bande ; il peut être excité par une impulsion, un *chirp*, fenêtré ou non. Le fait de fenêtrer ces signaux par des fenêtres de type gaussienne, Hanning ou Hamming favorise la fréquence centrale. Dans les caractérisations et les comparaisons, on souhaite obtenir des pics de résonance dans la bande passante du transducteur. Pour cela, nous utiliserons un signal *chirp* fenêtré mais par une fenêtre de type trapèze qui permet contrairement aux fenêtres gaussiennes d'avoir une bande fréquentielle plate et large. Le signal *chirp* $V_0(t)$ est caractérisé par un temps de montée bien défini. Le temps de montée désigne la durée que met le signal pour passer de 10 à 90 % de sa valeur en régime établi. Ce type de signal permet de moduler en fréquence, d'une fréquence basse f_1 à une fréquence haute f_2 observable dans le spectre. L'expression du *chirp* s'établit comme suit :

$$V_0(t) = A.\sin\left(2\pi\left(f_1 + \frac{(f_2 - f_1)t}{2\delta}\right)t\right) \tag{5.15}$$

avec $A = 10V$ l'amplitude, $\delta = 200$ µs la durée, f_1 et f_2 les fréquences minimale et maximale avec un temps de montée $t_m = 7,18$ µs.

Le balayage en fréquence est de $f_1 = 0,2$ à $f_2 = 1,8$ MHz et le mode *burst* du générateur est activé afin d'espacer les oscillations d'une durée suffisante pour ne pas mélanger les échos lors des acquisitions.

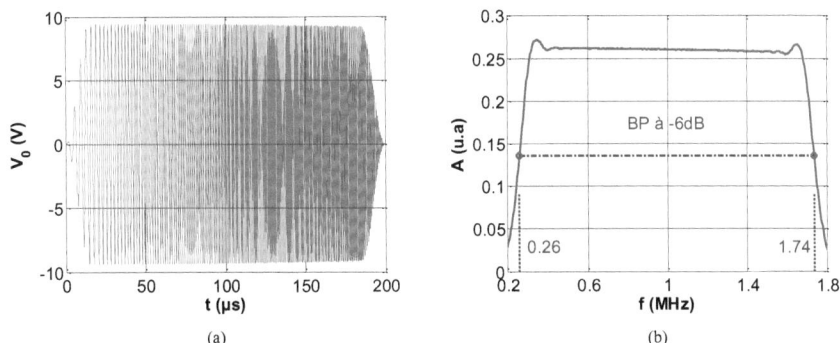

Figure 5.4: Signal d'émission de type *chirp* de durée $\delta = 200\mu s$ (a) et module de son spectre dont la bande passante à –6 dB s'étale entre 0,26 et 1,74 MHz (b).

5.4.1.2 Acquisitions et mesure d'impédance électromécanique

Un dispositif constitué de câbles coaxiaux (d'impédance caractéristique $Z_0 = 50\ \Omega$ et de vitesse de propagation $v_0 = 2.10^8$ m/s) et d'un diviseur de tension est utilisé pour réaliser les mesures d'impédance dans la gamme fréquentielle allant de 1 à 100 MHz. Le montage de mesure est représenté ci-dessous (Figure 5.5). Un générateur basse fréquence (GBF) envoie le signal $V_0(t)$ décrit précédemment (équation (5.15)) à travers la ligne L_1.

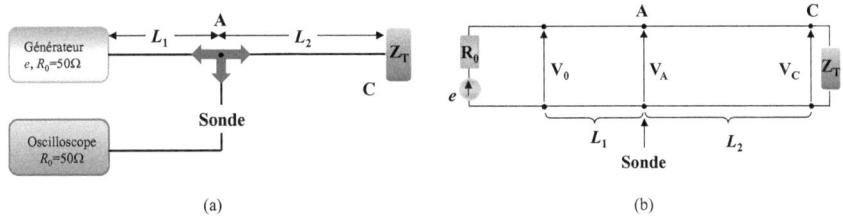

Figure 5.5: Dispositif expérimental de mesure d'impédance électromécanique d'un transducteur (a), schéma électrique équivalent (b).

À l'oscilloscope, via une sonde au point A, le signal relevé $V_A = V_E + V_R$ est constitué de la composante émise $V_E(t)$ ayant parcouru la longueur de ligne L_1 à laquelle s'ajoute celle reçue après réflexion sur le port électrique du transducteur $V_R(t)$ ayant effectué un aller-retour dans la ligne L_2 :

$$\begin{cases} V_E = V_0 e^{-jkL_1} \\ V_R = R.V_0 e^{-jkL_1} e^{-j2kL_2} \end{cases} \quad (5.16)$$

où le coefficient de réflexion est défini par :

$$R = \frac{Z_T - Z_0}{Z_T + Z_0} \quad (5.17)$$

La tension $V_A = V_E + V_R$ au point A est :

$$V_A = V_E\left(1 + R.e^{-jk2L_2}\right) \tag{5.18}$$

On peut écrire le coefficient de réflexion (5.17) via le rapport $Q = V_A / V_E$ comme suit :

$$R = (Q-1)e^{jk2L_2} \tag{5.19}$$

L'impédance électromécanique Z_T du transducteur au bout de la ligne L_2 est déduite de la relation (5.17). En remplaçant le coefficient de réflexion par l'expression donnée en (5.19), l'impédance Z_T s'écrit alors sous la forme :

$$Z_T = Z_0 \frac{1 + (Q-1)e^{jk2L_2}}{1 - (Q-1)e^{jk2L_2}} \tag{5.20}$$

Lorsqu'en bout de ligne, le transducteur est déconnecté (circuit ouvert), l'impédance Z_T tend vers l'infini, le coefficient de réflexion $R = 1$ et le potentiel V_C en bout de ligne de longueur L_2 s'exprime en fonction de V_E comme suit :

$$V_C = V_E\left(1 + e^{-jk2L_2}\right), \tag{5.21}$$

On définit un autre facteur P tel que $P = V_C / V_E$ et finalement l'impédance mesurée aux bornes du transducteur en bout de ligne L_2 s'écrit :

$$Z_T = Z_0 \frac{\left(1 + \dfrac{Q-1}{P-1}\right)}{\left(1 - \dfrac{Q-1}{P-1}\right)} = Z_0\left(\frac{P+Q-2}{P-Q}\right) \tag{5.22}$$

Une fois les mesures des tensions V_A, V_B et V_C effectuées, on détermine les fonctions de transfert spectrales P et Q par transformée de Fourier. On peut alors calculer l'impédance du transducteur Z_T (équation (5.22)) en termes de module $|Z_T|$ et de phase Φ_{Z_T} en fonction de la fréquence f.

Le fonctionnement du dispositif a été vérifié avec des mesures dans un premier temps sur une résistance de calibration de 50 Ω stable en fréquence. Afin de valider le calcul de l'impédance électromécanique du transducteur, des mesures directes à l'aide d'un analyseur d'impédance ZCheck ont été réalisées. Les résultats obtenus sur l'impédance électromécanique Z_T sont en accord avec le calcul et ceci est illustré à la Figure 5.6 en termes de module et de phase.

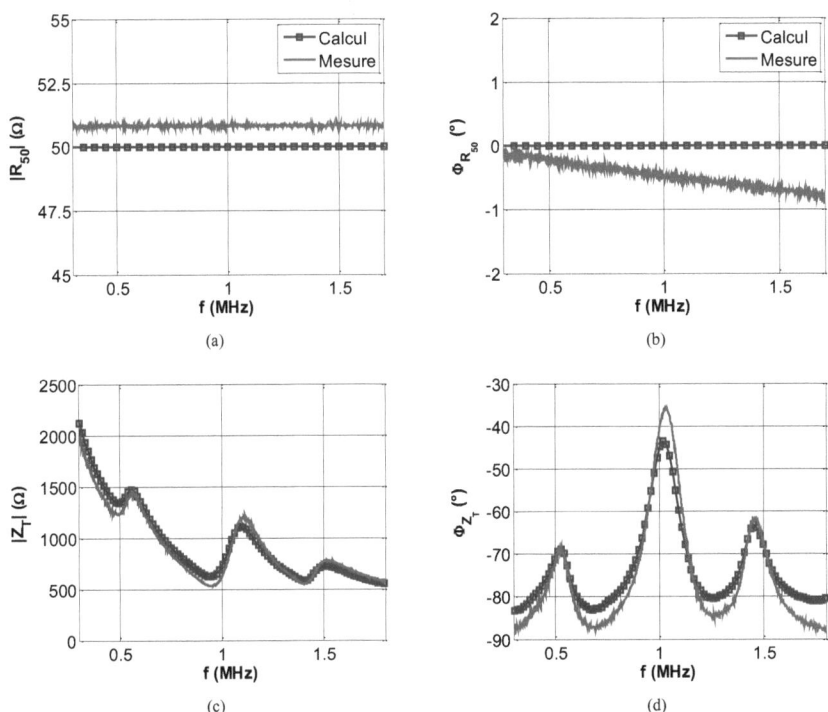

Figure 5.6: Mesures d'impédances. Impédance électrique aux bornes d'une résistance de 50 Ω; module (a) et phase (b). Impédance électromécanique aux bornes du transducteur Sonaxis® 1MHz à vide, module (c) et phase (d).

5.4.2 Identification des paramètres A_{11}, A_{12} et A_{22}

La relation (5.14) établie plus tôt permet de modéliser le comportement électromécanique du transducteur quel que soit le milieu de propagation en contact situé en face avant. Ceci n'est donc possible que grâce à la connaissance des paramètres A_{11}, A_{12} et A_{22} dans la gamme de fréquences d'utilisation du transducteur. Par ailleurs, la connaissance de l'impédance du transducteur en contact avec trois milieux d'impédances acoustiques suffisamment différentes permet d'identifier ces trois paramètres.

Le transducteur est ainsi identifié à partir de différentes mesures de son impédance. La première mesure a été effectuée dans l'air (approximation par le vide) puis d'autres séries de mesures du transducteur couplé à des milieux infinis ont été effectuées. Le caractère infini du milieu en contact avec le transducteur permet de s'affranchir de la connaissance exacte de l'épaisseur. Des milieux solides tels que le verre, le dural, le plexiglas, le PVC et aussi de l'eau ont été expérimentés.

Une pression constante est maintenue lors de chaque mesure pour assurer la reproductibilité du contact entre le transducteur et le milieu de propagation. Le dispositif de mesure est toujours le même, avec comme signal d'émission le *chirp* V_0 (Figure 5.4 (a)). Afin que la mesure s'approche le plus possible d'un milieu infini, nous ne devons pas observer d'échos de l'onde émise sur la durée d'observation. Les épaisseurs des milieux solides ainsi que l'eau en contact avec le transducteur ont été choisies suffisamment grandes pour obtenir une durée entre l'émission du signal V_0 et la réception de son premier écho très supérieur à la durée d'acquisition. De ce fait, l'enregistrement du signal qui revient sur le transducteur est arrêté avant même le retour du premier écho. En s'assurant maintenant que l'écho spéculaire est entièrement enregistré, tout se passe comme si le milieu de propagation était infini. La relation (5.22) permet par la suite de déterminer l'impédance de l'ensemble {transducteur + milieu infini} en ayant préalablement effectué des mesures avec la résistance de 50 Ω, puis sans le transducteur (circuit ouvert).

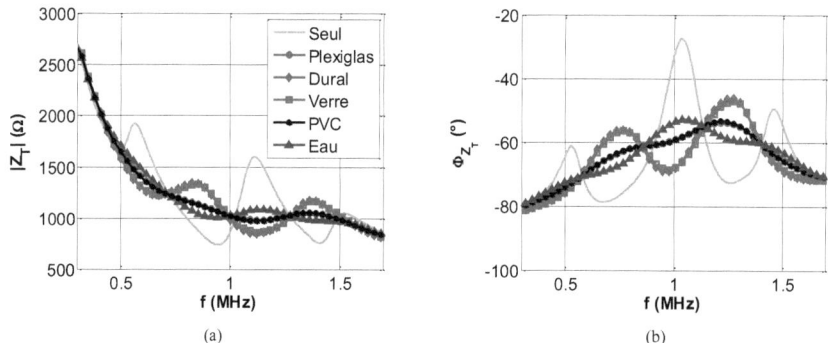

Figure 5.7: Impédance électromécanique du transducteur *Sonaxis*® 1MHz seul, en contact avec du plexiglas, du dural, du verre, du PVC et plongé dans de l'eau.

On peut voir sur la Figure 5.7 l'impédance du transducteur couplé à différents milieux. On note des allures similaires des représentations du module $|Z_T|$ et de la phase Φ_{Z_T} pour le dural et le verre, de même que pour le plexiglas et le PVC. Ceci est dû au fait que ces matériaux ont des impédances acoustiques voisines. Par la suite, pour l'identification des paramètres du transducteur, un choix va être fait pour former des triplets de mesures.

À partir des résultats expérimentaux obtenus avec un triplet de matériaux, les trois grandeurs complexes A_{11}, A_{12} et A_{22} sont identifiées. En effet, pour chaque milieu de propagation M, l'impédance du transducteur couplé à ce milieu M est donnée par la relation suivante :

$$Z_M = \frac{A_{22} Z_0^M - A_{11} A_{22} + A_{12}^2}{Z_0^M - A_{11}} \tag{5.23}$$

où Z_0^M est l'impédance caractéristique du milieu M. On peut réécrire cette relation (5.23) en posant $\Delta A = A_{11} A_{22} - A_{12}^2$ comme suit :

$$A_{11} Z_M + A_{22} Z_0^M - \Delta A = Z_0^M Z_M \tag{5.24}$$

En écrivant la relation (5.24) pour chaque élément d'un triplet de matériaux, avec $M \in \{a, b, c\}$, on obtient un système de trois équations à trois inconnues. La résolution du système ainsi obtenu permet de trouver les trois grandeurs A_{11}, A_{12} et A_{22} telles que :

$$\begin{cases} A_{11} = \dfrac{Z_0^b Z_0^c (Z_b - Z_c)}{Z_0^c (Z_b - Z_a) - Z_0^b (Z_c - Z_a)} \\ A_{22} = \dfrac{Z_0^c Z_c (Z_b - Z_a) - Z_0^b Z_b (Z_c - Z_a)}{Z_0^c (Z_b - Z_a) - Z_0^b (Z_c - Z_a)} \\ A_{12} = \sqrt{A_{11}(A_{22} - Z_a)} \end{cases} \qquad (5.25)$$

Deux identifications sont réalisées en utilisant deux triplets de matériaux à savoir $\{a, b, c\}$ = {air, plexiglas, dural} et $\{a, b, c\}$ = {air, eau, verre} que nous noterons respectivement par la suite APD et AEV. Les résultats obtenus sont tracés à la Figure 5.8.

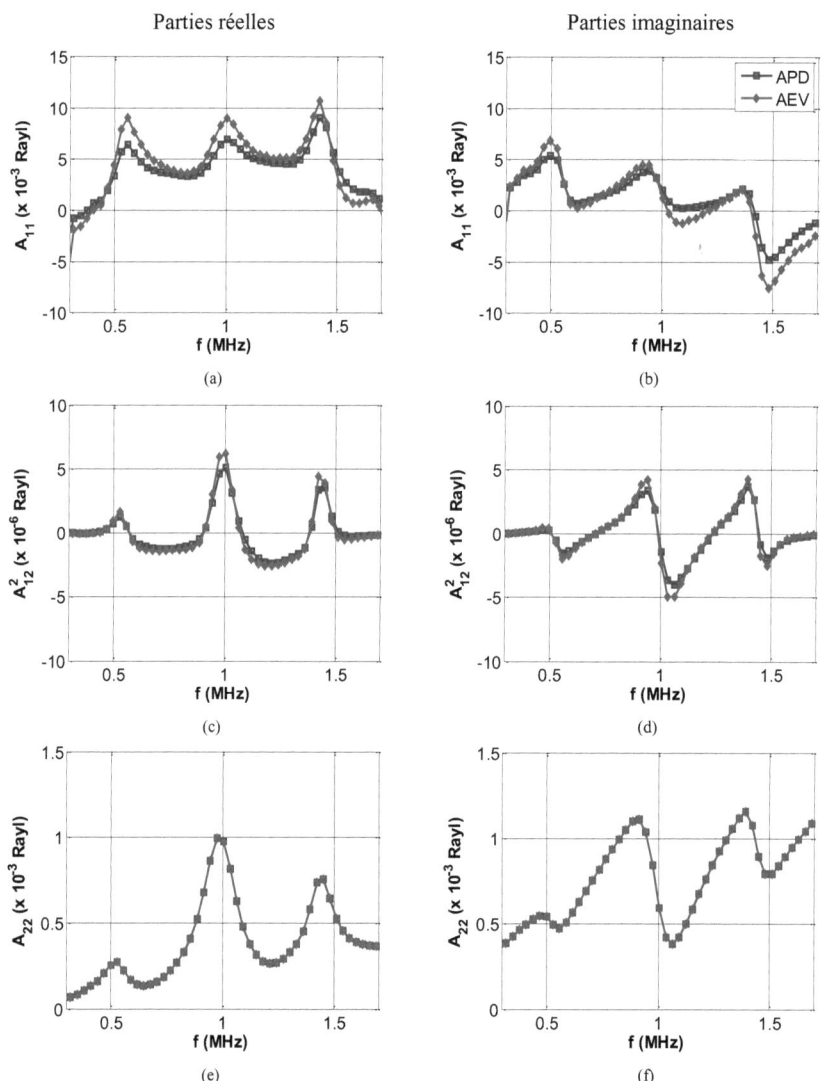

Figure 5.8: Identification des paramètres complexes A_{11}, A_{12} et A_{22} du transducteur Sonaxis® 1MHz avec les triplets de matériaux {air, plexiglas, dural} APD et {air, eau, verre} AEV. Représentation des parties réelles sur la colonne de gauche (a), (c), (e) et des parties imaginaires (b), (d) et (f) sur la colonne de droite.

On observe un bon accord entre ces résultats, ce qui montre que les paramètres ainsi identifiés permettent de modéliser le comportement du transducteur avec n'importe quel autre milieu de propagation. Dans la suite du chapitre, les paramètres utilisés pour décrire le comportement du transducteur sont ceux obtenus lors de l'identification sur le triplet APD.

5.4.3 Calcul inverse – identification des paramètres acoustiques des plaques vieillies

5.4.3.1 Impédances électriques du transducteur en contact avec des plaques vieillies

Avec la même configuration expérimentale, des mesures d'impédance électrique du transducteur en contact avec les plaques vieillies ont été réalisées. Les courbes d'impédances (modules et phases) présentent de manière générale des évolutions différentes avec la durée de vieillissement. Cela illustre la sensibilité de la méthode de mesure d'impédance électromécanique comme moyen d'évaluation non destructive du vieillissement de plaques composites à matrice organique.

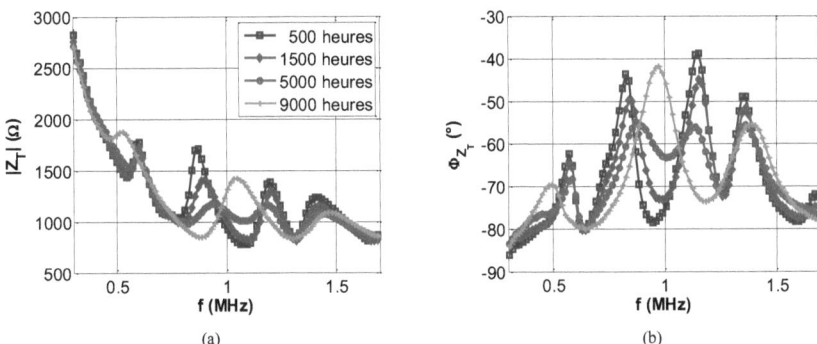

Figure 5.9: Variation de l'impédance électromécanique aux bornes du transducteur en contact avec des plaques vieillies respectivement à 500, 1500, 5000 et 9000 heures. Représentation du module (a) et de la phase (b).

Sur la Figure 5.9 ci-dessus sont représentés le module $|Z_T|$ et la phase Φ_{Z_T} de l'impédance électrique du transducteur *Sonaxis*® 1 MHz en contact avec des plaques vieillies respectivement à 500, 1500, 5000 et 9000 heures. On note des différences significatives, les fréquences de résonance des pics se décalent vers les plus hautes fréquences pour les fréquences supérieures à 1 MHz et on note une tendance inverse pour les fréquences inférieures à 1 MHz sur la représentation de la phase. L'amplitude des oscillations baisse considérablement avec la durée de vieillissement et au-delà de 9000 heures de vieillissement, ces oscillations (sur le module comme sur la phase) disparaissent et on retrouve l'allure de l'impédance du transducteur seul c'est-à-dire immergé dans un milieu infini (vide). Au-delà de cette durée de vieillissement, la plaque composite se présente comme un milieu infini n'ayant pas de seconde face, d'où l'absence d'interférences entre ondes, caractéristique d'une forte atténuation.

5.4.3.2 Identification des paramètres de plaques vieillies

Une fois les caractéristiques du transducteur déterminées, on peut maintenant modéliser l'impédance électrique du transducteur en contact avec un milieu dont on connait les propriétés. On peut constater qu'à partir de la connaissance des trois paramètres A_{11}, A_{12} et A_{22}, la relation (5.14) permet d'obtenir l'impédance acoustique « apparente » Z_M du milieu couplé avec le transducteur (équation (5.23)).

L'impédance Z_M correspond à l'impédance de l'assemblage des couches élastiques et du milieu de propagation constitué d'une couche de couplant et de la plaque à caractériser. C'est ainsi qu'on peut établir la relation :

$$Z_M = jZ_C \frac{Z_P \tan k_P E_P + Z_C \tan k_C E_C}{Z_C - Z_P \tan k_C E_C \tan k_P E_P} \tag{5.26}$$

où Z_C, E_C, Z_P et E_P sont respectivement l'impédance acoustique et l'épaisseur du couplant et de la plaque. On peut prendre en compte l'atténuation dans les plaques composites en rendant complexes les constantes élastiques. Le module C_{33} suivant l'axe de propagation des ondes ultrasonores devient alors $C_{33}^* = C_{33}(1+j\delta_P)$ et la vitesse des ondes dans le milieu peut s'écrire $V^* = V\sqrt{1+j\delta_P}$. L'influence du transducteur est supprimée en utilisant la relation (5.23) et une mesure sur une plaque donnée. Le milieu de propagation est aussi modélisé en utilisant la relation (5.26). À partir du résultat expérimental et de la modélisation ainsi réalisée, on peut commencer à identifier trois paramètres, à savoir :

$t_P = \dfrac{2 \times E_P}{V_L}$, \qquad le temps de vol dans la plaque,

$Z_P = \rho_P V_L S$, \qquad l'impédance acoustique de la plaque,

δ_P, \qquad l'atténuation dans la plaque.

Le problème inverse est résolu en utilisant l'admittance de la plaque Y_P. Afin d'évaluer la qualité de l'accord entre le modèle théorique Y_{PT} et un résultat expérimental Y_{PE}, il est nécessaire de définir une distance :

$$D(Y_{PT}, Y_{PE}) = \frac{1}{N_E} \sum_{P=1}^{N_E} \left(|\Re e\{Y_{PE}\} - \Re e\{Y_{PT}\}| + |\Im m\{Y_{PE}\} - \Im m\{Y_{PT}\}| \right) \tag{5.27}$$

Cette procédure d'inversion consiste à minimiser la distance $D(Y_{PT}, Y_{PE})$ sur N_E points expérimentaux entre Y_{PE} le vecteur des admittances acoustiques et Y_{PT} le vecteur des admittances calculées à l'aide du modèle aux mêmes fréquences que les points expérimentaux. Dans le modèle de l'admittance acoustique Y_{PT}, six paramètres sont définis et sur les résultats de l'identification, on voit que Z_C l'impédance caractéristique et δ_C l'atténuation du couplant ne varient pas avec la durée de vieillissement. Le temps de propagation t_C dans le couplant est négligeable dans tous les cas (de l'ordre de la ns).

Ainsi, la recherche du minimum de cette distance $D(Y_{PT}, Y_{PE})$ défini par la relation (5.27) est réalisée seulement sur les trois grandeurs caractérisant la plaque composite, i.e. t_P, Z_P et δ_P.

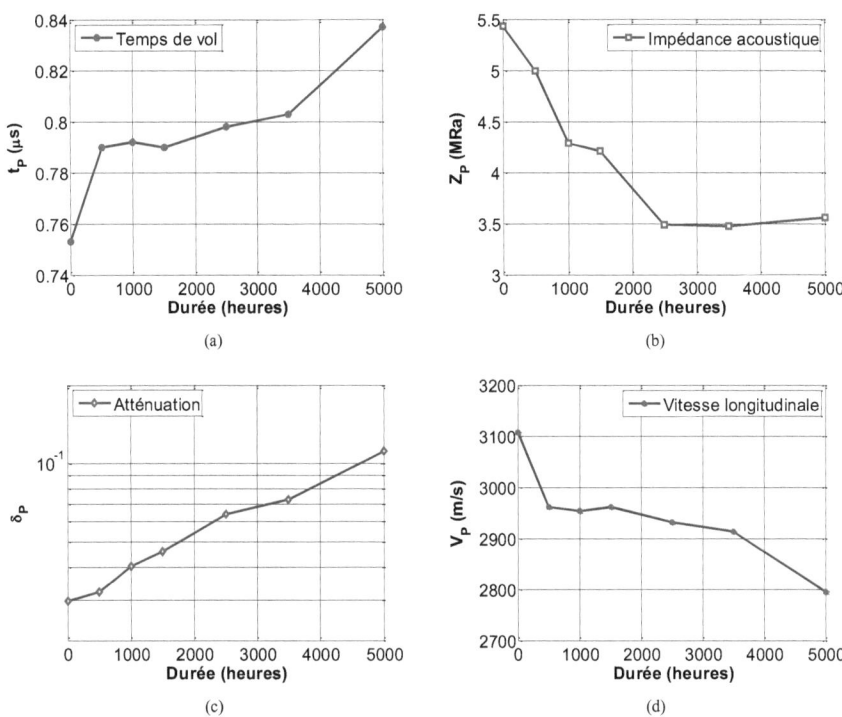

Figure 5.10: Variation des paramètres acoustiques des plaques composites en fonction de la durée de vieillissement. Temps de propagation (a), impédance caractéristique (b), coefficient d'atténuation (c) et déduction de la vitesse longitudinale des ultrasons dans les différentes plaques (d).

Afin de représenter au mieux l'effet du vieillissement sur les différentes plaques, nous avons représenté à la Figure 5.10 les variations des paramètres acoustiques des plaques en fonction de la durée de vieillissement. En particulier, la détermination du temps de vol (Figure 5.10 (a)) permet de déduire la vitesse longitudinale dans les différentes plaques (Figure 5.10 (d)). De plus, la variation de masse volumique (non représentée ici) peut se déduire des tracés de l'impédance acoustique (Figure 5.10 (b)) et de la vitesse longitudinale (Figure 5.10 (d)). Enfin, le terme d'atténuation présente une évolution quasiment exponentielle en fonction de la durée de vieillissement. Dans la représentation, nous nous sommes limités à 5000 heures de vieillissement car au-delà, le modèle n'est plus en accord avec les résultats expérimentaux : les pics d'impédance sont en effet moins marquants (Annexe C). En outre, on a ajouté les valeurs des paramètres de la plaque « saine » (état initial). Ces paramètres ont été préalablement déterminés, avant les mesures sur les plaques vieillies.

Une autre approche vise à évaluer le vieillissement de ces mêmes plaques monolithiques et en outre des échantillons sandwichs (Tableau 3.3 du chapitre 3) en définissant d'autres critères sur les représentations de l'impédance Z_T (module et partie réelle).

5.5 Critères d'évaluation du vieillissement

Une nouvelle approche basée sur la méthode de la mesure d'impédance électromécanique consiste à évaluer les variations des pics de résonance du système {transducteur + plaque} en fonction du vieillissement. Dans un premier temps, nous présentons la méthode sur les plaques monolithiques avant de l'appliquer aux plaques sandwichs au niveau de leurs faces avec *telegraphing*.

5.5.1 Plaques monolithiques

Le protocole expérimental est défini en trois étapes : dans un premier temps, une acquisition du signal *chirp* V_0 envoyé sur le transducteur seul est faite (Chargement du Transducteur « *CT* »). Dans un deuxième temps, le signal envoyé sur une résistance de 50 Ω (Chargement de la Résistance « *CR* ») est acquis. Enfin, l'acquisition du même signal sur le transducteur en contact avec une plaque vieillie (Chargement Transducteur + Plaque « *CTP* »). Ces trois signaux temporels sont transformés en signaux fréquentiels par FFT. À la suite d'études antérieures menées au laboratoire, deux estimateurs ont été élaborés : le premier (estimateur 1) résulte du rapport des parties réelles des deux spectres CTP/CR (Figure 5.11 (a)) ; le second (estimateur 2) résulte du rapport des modules des spectres CTP/CT (Figure 5.11 (b)). L'étude du vieillissement par impédancemétrie est basée sur ces deux estimateurs, à partir desquels des critères (c1 à c6) ont été évalués. Les critères c1, c2, c3 sont les trois maxima locaux relevés sur l'estimateur 1, dans la bande de fréquence de 0,65 à 1,50 MHz. Les critères c4, c5, c6 sont basés sur l'estimateur 2, dans la bande de fréquence de 0,85 à 1,25 MHz. Le critère c4 est le premier minimum local, c5 est le premier maximum local, et c6 est la pente évaluée (en MHz^{-1}) entre c5 et c4. Ce travail est fait dans un premier temps sur la plaque F01 vieillie 500 heures, puis généralisé sur les autres.

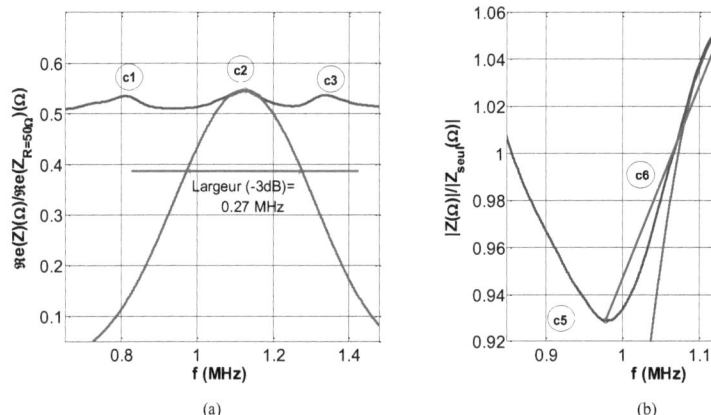

Figure 5.11: Étude du vieillissement sur la plaque F01 basée sur les critères c1 à c6: Estimation de la largeur de la courbe gaussienne identifiée à partir des points expérimentaux du critère c2 (a) et tracé de la pente (critère c6) passant par les sommets des pics des critères c4 et c5 (b).

Il est à noter que ces valeurs des critères c1 à c6 sont le résultat d'une moyenne sur les quatre mesures les plus proches les unes des autres sur l'ensemble des dix acquisitions faites sur chaque plaque. Dans tous les cas de figure, on calcule deux estimateurs sur lesquels on définit six critères basés sur la largeur des pics et sur la pente (rouge) de la Figure 5.11 (b). En effet, une identification par rapport à une gaussienne ajustant les maxima et la largeur à −3dB associée sont calculées. La Figure 5.11 (a) illustre le calcul de la largeur et de la position du critère c2 situé aux alentours de la fréquence centrale du transducteur *Sonaxis*® 1MHz. Le même principe est appliqué pour déterminer les critères c1 et c3. La Figure 5.11 (b) montre aussi comment on peut déterminer la valeur de la pente (critère c6) et aussi les deux autres largeurs (critères c4 et c5). Plus la différence entre la valeur du critère cn (avec $1 \leq n \leq 6$) obtenue pour la plaque vieillie comparée à celle de la plaque F01 prise comme référence est grande, plus la dégradation du matériau est importante.

5.5.1.1 Résultats sur la plaque de référence F01

Les valeurs de référence des différents critères d'évaluation du vieillissement de la plaque F01 sont indiquées sur la Figure 5.12. Sur l'estimateur 1 (Figure 5.12 (a)) où la zone fréquentielle d'étude se situe entre 0,6 et 1,5 MHz, les trois pics d'impédance sont présents. Les valeurs des critères c1, c2 et c3 ont été évaluées respectivement à 0,30, 0,27 et 0,30 MHz. Les valeurs des trois autres critères c4, c5 et c6 sont représentées sur l'estimateur 2 (Figure 5.12 (b)) où sa zone fréquentielle s'étend de 0,9 à 1,3 MHz. Elles ont été évaluées respectivement à 0,27 MHz, 0,34 MHz et 0,84 MHz^{-1}.

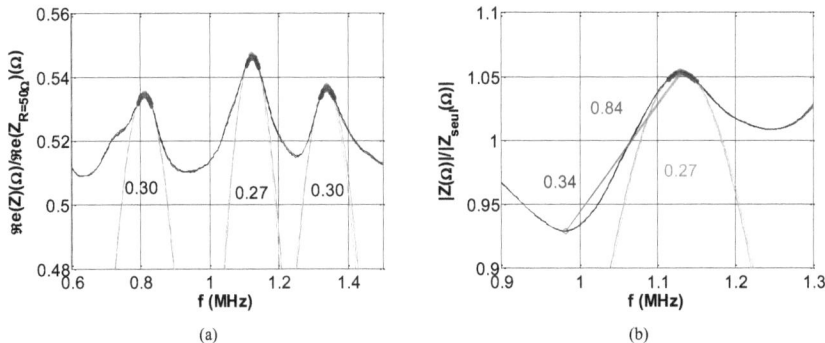

Figure 5.12: Détermination des valeurs des critères de la plaque F01 vieillie pendant 500 heures. Avec c1 = 0,30 MHz, c2 = 0,27 MHz et c3 = 0,30 MHz trouvées avec l'estimateur 1 (a) ; c4 = 0,27 MHz, c5 = 0,34 MHz et c6 = 0,84 MHz^{-1} trouvées avec l'estimateur 2 (b).

Dans la suite des mesures, nous garderons les mêmes zones fréquentielles d'étude sur les deux estimateurs. Avec la durée du vieillissement, les pics s'élargissent de plus en plus jusqu'à sortir des zones. Ceci nous permet d'en déduire des états d'endommagement des différentes plaques.

5.5.1.2 Généralisation sur les autres plaques

Le même traitement des signaux d'impédance a été effectué sur les autres plaques. En Annexe C-1 sont tracées les courbes d'impédance ainsi que les courbes gaussiennes identifiées. Les valeurs des différents critères sur les deux types d'estimateurs y sont aussi indiquées.

Dans le Tableau 5.1 ci-dessous sont récapitulées toutes ces valeurs des critères obtenues. On note qu'à des durées de vieillissement supérieures à 7000 heures, certains pics disparaissent rendant l'identification avec la fonction gaussienne impossible. Ceci est caractéristique d'un niveau d'endommagement sévère de la plaque. La même remarque a été faite lors de l'identification des paramètres acoustiques de ces mêmes plaques où l'algorithme d'optimisation ne convergeait plus en l'absence de pics d'impédance.

Plaques	Durée (heures)	Estimateur 1 (Partie réelle)			Estimateur 2 (Module normalisé)		
		c1	c2	c3	c4	c5	c6
F01	500	0,30	0,27	0,30	0,27	0,34	0,84
F02	1000	0,35	0,32	0,34	0,31	0,35	0,74
F03	1500	0,35	0,31	0,32	0,30	0,34	0,76
F04	2500	0,38	0,30	0,33	0,31	0,35	0,75
F05	3500	0,57	0,45	0,42	0,36	0,37	0,53
F06	5000	0,74	0,77	0,53	0,57	0,38	0,46
F07	7000	0,66	0,84	-	-	0,45	-
F08	9000	0,55	0,72	-	-	0,40	-
F09	10000	0,45	0,64	-	-	0,40	-

Les cases vides (-) indiquent une absence de pic et l'identification par rapport à la gaussienne correspondante n'est plus possible. Ceci révèle un état de dégradation très importante de la plaque en question (phénomènes observables à partir de 7000 heures de vieillissement).

Tableau 5.1: Récapitulatif des valeurs des critères d'évaluation du vieillissement sur les plaques monolithiques F.

Les résultats consignés dans ce Tableau 5.1 corroborent les résultats obtenus sur l'identification des paramètres acoustiques des plaques (Figure 5.10). En effet, entre 500 et 1500 heures de vieillissement, les valeurs de l'ensemble des critères sont à peu près similaires. Les valeurs des critères c1, c2, c3, c4, c5 augmentent considérablement entre 2500 et 5000 heures de vieillissement, tandis que le critère c6 (pente) suit une tendance inverse sur cette même plage de durées de vieillissement.

Nous avons aussi réalisé à partir des deux types d'estimateurs du vieillissement une autre étude basée sur le pourcentage de points expérimentaux (PPE) sortant d'un seuil. Ce seuil a été défini arbitrairement et il est égal à $s = \pm 4\%$ des valeurs des estimateurs 1 et 2 de la plaque de référence F01. Définir ce seuil s constitue en fait la notion de gabarit très utilisé en CND dans l'aéronautique. Si le PPE = 0% alors la plaque en question n'est pas endommagée et dans le cas contraire, elle l'est. Nous représentons à la Figure 5.13 les résultats obtenus sur la plaque de référence F01 et sur la plaque vieillie à 9000 heures (F08). Les résultats sur les autres plaques figurent dans l'Annexe C-2.

Chapitre 5 : Évaluation du vieillissement thermique de matériaux composites par mesure d'impédance électromécanique d'un transducteur en contact

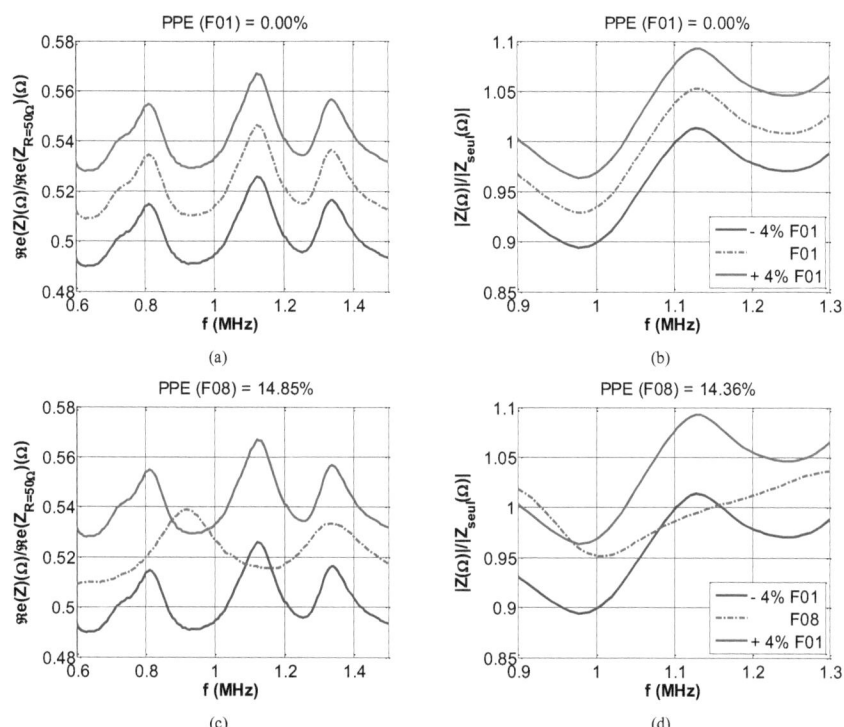

Figure 5.13: Étude du vieillissement par définition d'un gabarit (seuil) avec les deux estimateurs (partie réelle et module). Calibrage avec la plaque de référence F01 (a) et (b) puis évaluation du *PPE* sortant du gabarit (c) et (d).

En effet, on constate qu'à la durée de vieillissement de la plaque F08, le PPE sortant du gabarit sur l'estimateur 1 est de 14,85% et qu'il est de 14,36% sur l'estimateur 2. De plus, on peut voir que le pic aux alentours de la fréquence centrale $f_c = 1$ MHz du transducteur disparait complètement confortant l'idée de l'endommagement de la plaque. L'ensemble des résultats par rapport à ce test de PPE sortant du gabarit défini à $s = \pm 4\%$ est illustré à la Figure 5.14 où l'on peut constater que les points expérimentaux commencent à sortir du gabarit à partir de 7000 heures de vieillissement. On peut donc dire que l'endommagement des plaques est initié à ce niveau et qu'au-delà, la pièce en question présente un état critique lors d'une évaluation non destructive du vieillissement.

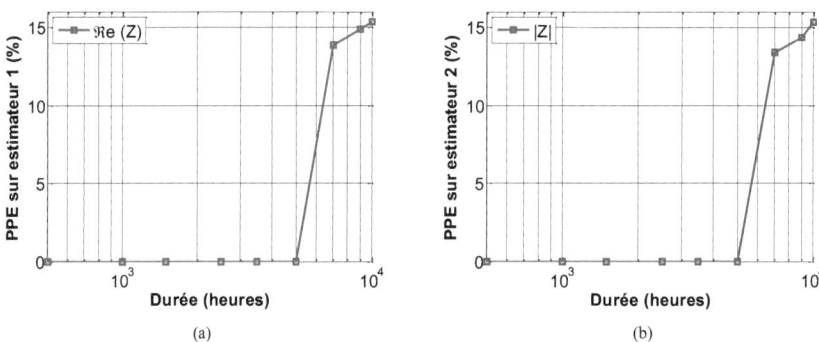

Figure 5.14: Détermination du PPE sortant du gabarit $s = \pm 4°$ par rapport à la plaque monolithique de référence F01. Calculs sur l'estimateur 1 (a) et sur l'estimateur 2 (b).

Cette dernière étude est en effet un moyen d'évaluation très rapide et quasi-ponctuel du vieillissement. Elle nous a permis d'étudier le vieillissement des plaques sandwichs dont la structure est rugueuse (face vieillie à 2,5 bars) et les mécanismes de vieillissement complexes (vieillissements avec plusieurs températures).

5.5.2 Plaques sandwichs

Pour la caractérisation du vieillissement des plaques sandwichs, nous effectuons des mesures seulement sur les faces vieillies à la pression de 2,5 bars. En fait, c'est cette face qui est au plus proche des sources thermiques que constituent les réacteurs. Le même dispositif expérimental utilisé lors de la caractérisation des plaques monolithiques est repris. Pour des questions de répétabilité, des mesures sont réalisées sur chaque échantillon en trois points A, B et C. De plus, 10 acquisitions sont effectuées, et seulement les 4 plus significatives sont conservées.

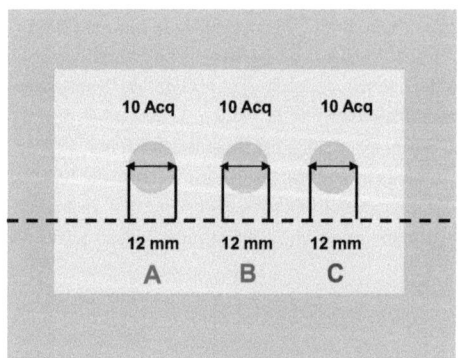

Figure 5.15: Schéma de la manipulation sur les mesures d'impédance avec 10 acquisitions aux points A, B et C sur la face vieillie à 2,5 bars d'un échantillon sandwich HS.

Les signaux d'acquisition sont toujours les mêmes avec le signal *chirp* V_0 envoyé au transducteur seul « *CT* », sur la résistance de 50 Ω « *CR* » et sur le transducteur en contact avec l'échantillon à caractériser « *CTP* ». Les mêmes critères cn avec $1 \leq n \leq 6$ sont définis, comme pour l'étude des plaques monolithiques, toujours après détermination des quatre courbes les plus proches les unes des autres sur les dix acquisitions.

5.5.2.1 Résultats sur la plaque de référence HS01

Les résultats de mesures effectuées aux points A, B et C sur la plaque sandwich de référence HS01 vieillie à la température ambiante sont illustrés à la Figure 5.16 ci-dessous. Les valeurs des six critères en chaque point A (haut), B (milieu) et C (bas) sont déterminées. On peut d'ores-et-déjà noter une dispersion des mesures. Pour le critère c1 par exemple, c1 = 0,66 MHz au point A, 0,62 MHz au point B et 0,64 MHz au point C. Il en est de même pour les autres critères c2, c3, c4, c5 et c6 en ces différents points de mesures. Ceci révèle aussi le caractère inhomogène des matériaux composites et sandwichs en particulier. Dans la suite, nous traçons les deux courbes d'impédance, partie réelle et module normalisés, utilisés encore une fois comme estimateurs du vieillissement des matériaux sandwichs.

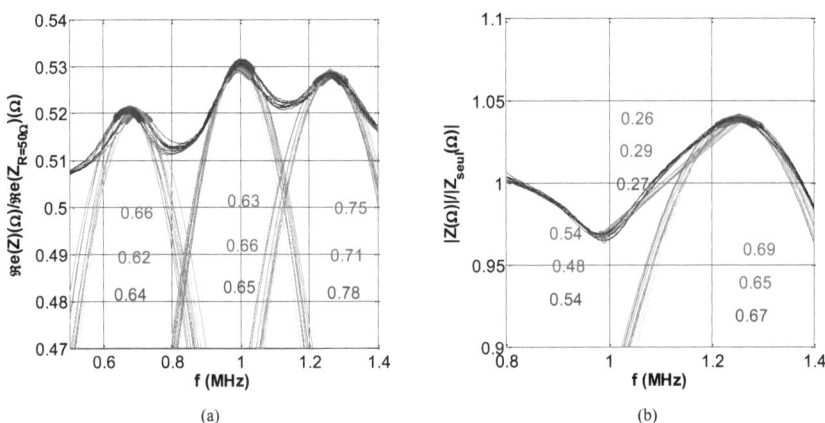

Figure 5.16 : Détermination des valeurs des critères de la plaque de référence HS01. Valeurs des différents critères c1 à c6 aux points A (haut), B (milieu) et C (bas). Estimateur 1 (Partie réelle normalisée) (a) et estimateur 2 (Module normalisé) (b).

5.5.2.2 Généralisation sur les autres plaques

Toutes les plaques vieillies à 170 et 200°C sont testées en utilisant toujours les deux mêmes estimateurs en trois points distincts A, B et C. Le test confirme le caractère inhomogène des matériaux sandwichs. Nous dressons le Tableau 5.2 récapitulant toutes les valeurs des différents critères aux différents points A, B et C. À certaines durées de vieillissement (3500 et 7900 heures) par exemple, certains critères ne sont plus estimables du fait de l'étalement des pics. C'est le cas pour le critère c2 pour l'échantillon HS09 et le critère c3 pour l'échantillon HS13.

Plaques	État vieilli	Points de mesure	Partie réelle			Module normalisé		
			c1	c2	c3	c4	c5	c6
HS06	170°C 192 heures	A	0,61	0,68	0,70	0,66	0,54	0,26
		B	0,73	0,78	0,74	0,67	0,49	0,28
		C	0,75	0,65	0,90	0,74	0,56	0,28
HS07	170°C 720 heures	A	0,67	0,69	0,91	0,83	0,53	0,24
		B	0,60	0,72	1,02	0,88	0,48	0,23
		C	0,73	0,68	0,95	0,80	0,56	0,24
HS08	170°C 3600 heures	A	0,91	0,72	0,78	0,69	0,47	0,27
		B	0,65	0,52	0,68	0,67	0,57	0,24
		C	0,66	0,74	0,81	0,74	0,53	0,25
HS09	170°C 7900 heures	A	1,35	-	0,96	0,76	0,44	0,38
		B	0,95	-	0,82	0,74	0,42	0,37
		C	1,03	-	0,86	0,72	0,43	0,37
HS10	200°C 24 heures	A	0,64	0,80	0,90	0,81	0,49	0,26
		B	0,64	0,75	0,66	0,64	0,46	0,25
		C	0,70	0,72	0,75	0,68	0,53	0,26
HS11	200°C 192 heures	A	0,75	0,67	0,78	0,76	0,56	0,24
		B	0,71	0,60	0,64	0,62	0,54	0,26
		C	0,68	0,71	0,68	0,64	0,56	0,26
HS12	200°C 720 heures	A	0,85	0,80	0,80	0,78	0,49	0,25
		B	0,65	0,83	0,83	0,66	0,47	0,26
		C	0,67	0,60	0,60	0,74	0,54	0,24
HS13	200°C 3600 heures	A	1,51	0,81	-	0,70	0,42	0,48
		B	1,40	0,77	-	0,73	0,40	0,48
		C	1,07	0,89	-	0,76	0,42	0,47

Les cases vides (-) indiquent une absence de pic et l'identification par rapport à la gaussienne correspondante.

Tableau 5.2: Récapitulatif des critères d'évaluation du vieillissement sur les plaques sandwichs HS.

L'ensemble des valeurs des différents critères ainsi que les identifications correspondantes sont illustrées au niveau de l'annexe D. Les différentes positions (haut, milieu et bas) montrent les résultats obtenus aux différents points A, B et C, respectivement. Comme pour l'étude du vieillissement des plaques monolithiques, nous nous sommes intéressés à estimer le pourcentage de points expérimentaux PPE sortant d'un gabarit. Cette fois-ci le gabarit a été défini avec un seuil égal $s = \pm 2\%$ des valeurs de la plaque HS01 prise comme référence. Nous avons décidé d'utiliser cette valeur $s = \pm 2\%$ comme seuil du fait de la faible épaisseur des plaques sandwichs contrairement aux plaques monolithiques (plus épaisses). La Figure 5.17 illustre les valeurs de ces PPE sortant du nouveau gabarit défini pour les sandwichs vieillis pour la plaque HS01 prise comme référence et la plaque HS13 vieillie pendant 7900 heures aux points de mesure B. L'ensemble des variations des courbes d'impédance (estimateurs 1 et 2) par rapport au gabarit défini sont consultables dans l'annexe D-2.

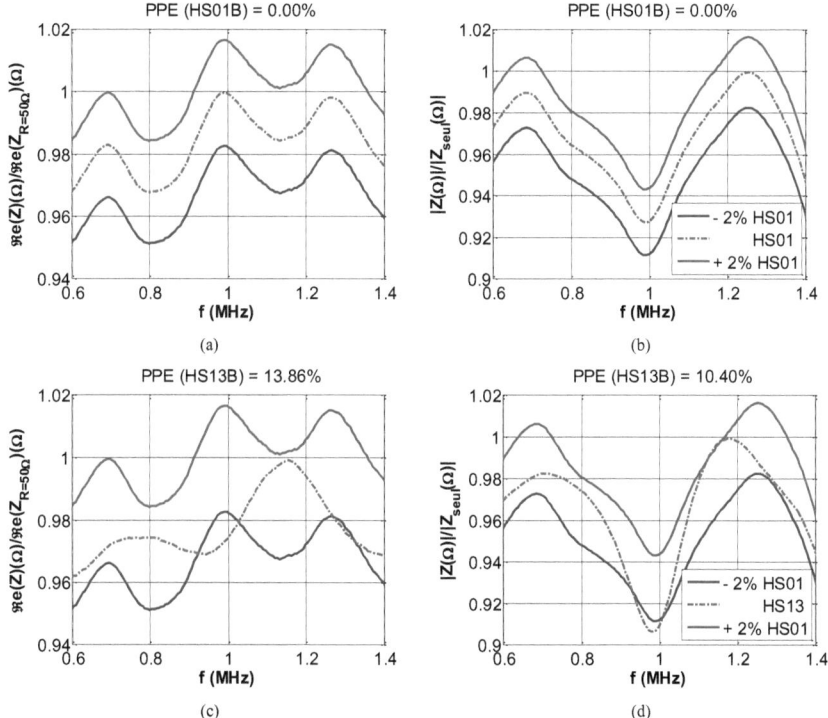

Figure 5.17: Étude du vieillissement par définition d'un gabarit (seuil) avec les deux estimateurs (partie réelle et module). Calibrage avec la plaque de référence HS01 (a) et (b) puis évaluation du PPE sortant du gabarit (c) et (d).

Pour résumer cette étude sur le vieillissement avec définition d'un gabarit, nous représentons à la Figure 5.18 le PPE sortant de ce gabarit aux différents points de mesures A, B et C en fonction de la durée.

Chapitre 5 : Évaluation du vieillissement thermique de matériaux composites par mesure d'impédance électromécanique d'un transducteur en contact

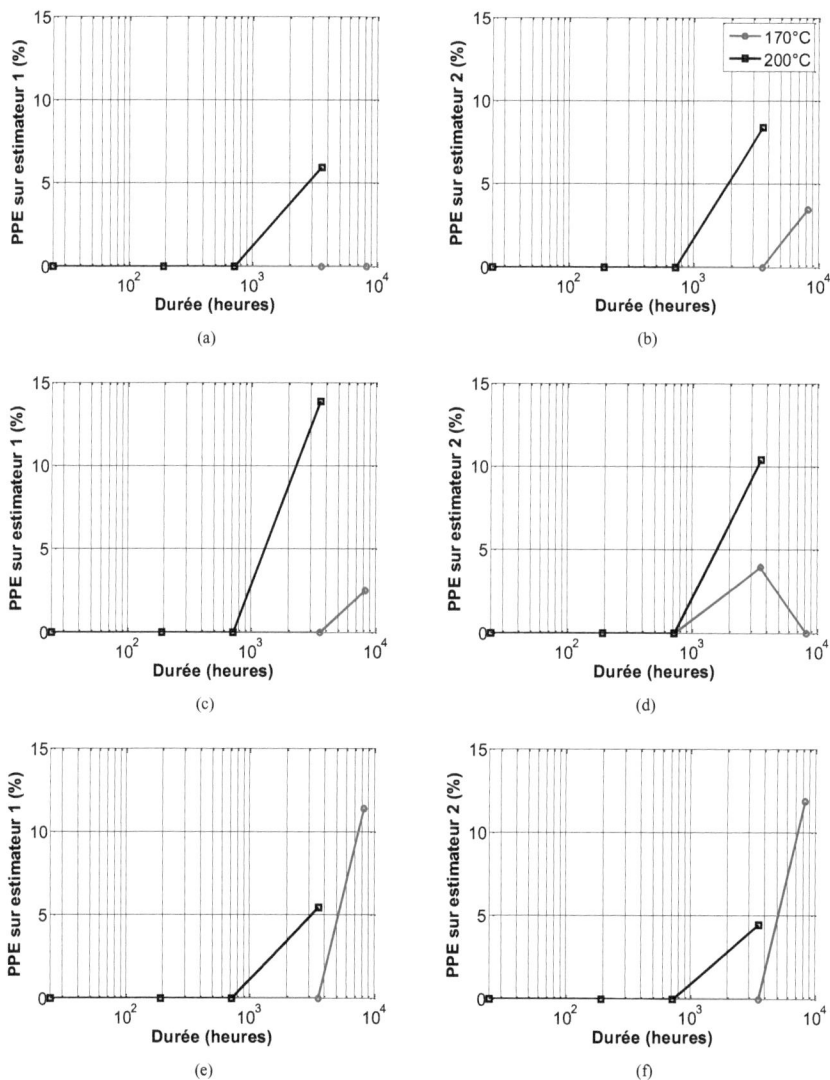

Figure 5.18: Détermination du PPE sortant du gabarit $s = \pm 2\%$ par rapport à la plaque sandwich de référence HS01. Calculs sur l'estimateur1 (a), (c), (e) et l'estimateur2 (b), (d) et (f) aux points A, B et C, respectivement.

Cette détermination du PPE sortant du gabarit montre l'effet de la température sur le vieillissement. En effet, pour une même durée de vieillissement égale à 3600 heures, le PPE est égal à 6%, 14% et 6% respectivement aux points A, B et C en utilisant l'estimateur 1 à la température de vieillissement de 200°C. Il est de 8%, 11% et 4% respectivement aux mêmes points avec l'estimateur 2. Dans les mêmes conditions, on note qu'avec une température de vieillissement de

170°C, le PPE est quasiment nul avec les deux estimateurs. C'est seulement au point B de mesure, avec l'estimateur 1 que cette quantité est évaluée à environ 3% (Figure 5.18 (c)). Des valeurs de PPE plus élevées, que l'on assimile à un état de dégradation élevé, à cette même température de 170°C ne sont enregistrées qu'à partir de 7900 heures. Les dispersions des valeurs de PPE sur une même plaque confirment la nature inhomogène des peaux vieillies à 2,5 bars. En effet, la température et la pression lors de la polymérisation jouent un rôle primordial dans la mise en forme. La pression relativement forte permet à la résine de bien imprégner les fibres, la température quant à elle la fluidifie. Il est important de noter que ces températures de vieillissement se situent relativement en bas de la température de transition vitreuse de la résine BMI ($\approx$ 220°C) rentrant dans la mise en forme des peaux précuites.

Cette nouvelle méthode d'évaluation du vieillissement thermique en utilisant les pics d'impédance du système {transducteur + plaque (monolithique ou sandwich)} a permis de :
- Quantifier rapidement le vieillissement en comparant les différents critères un à un.
- Estimer le PPE sortant d'un gabarit pour une plaque donnée.

Cette nouvelle approche de l'évaluation du vieillissement thermique suit et complète les approches précédemment développées en utilisant le calcul inverse en utilisant les modèles d'impédance théorique et les premiers résultats expérimentaux après détermination des paramètres caractéristiques du transducteur, notamment pour les plaques monolithiques.

5.6 Conclusion

L'évaluation non destructive du vieillissement thermique des matériaux composites pour l'aéronautique est un enjeu important dans la mesure où elle permet de mesurer certaines caractéristiques mécaniques permettant d'estimer la tenue résiduelle des pièces. La mesure de l'impédance électromécanique est une technique qui permet de réaliser cette caractérisation. Nous avons déterminé par identification, des grandeurs qui caractérisent le vieillissement telles que le temps de propagation t_p pour réaliser un aller-retour ainsi que V_p la vitesse longitudinale, l'impédance acoustique Z_p et l'atténuation intrinsèque δ_P des plaques en question. C'est une méthode rapide et très reproductible pour une mise en œuvre « sous-aile ». En effet, l'utilisation du transducteur large bande (de fréquence centrale f_c = 1 MHz) et ayant l'avantage d'être dupliqué à l'identique, nous a permis de calibrer les différents résultats de mesures afin d'établir des comparaisons sur l'étude du vieillissement.

Malgré l'hétérogénéité des matériaux composites, les essais de reproductibilité permettent à la méthode proposée de donner une information sur les modifications apportées par le vieillissement thermique, dans le cas des plaques monolithiques. Les essais menés sur les échantillons sandwichs avec des critères basés sur le module et la partie réelle de l'impédance du système {transducteur + plaque} ont permis d'identifier des échantillons plus « défectueux » ou endommagés que d'autres. L'établissement de gabarit (seuils) ainsi que la répétabilité à différents endroits sur les échantillons n'ont pas montré de différences très significatives. Le rapprochement avec des tests sur la porosité locale des échantillons notamment avec la tomographie donnerait une idée de plus sur la compréhension du phénomène de vieillissement thermique des composites.

5.7 Références

[1] I. Ammar-Khodja, C. Marais, C. Picard, M. Fois, and A. S. Goubet, "Comprehensive investigation on thermal degradation combined effects in aged woven carbon fibers/epoxy matrix composite laminates," *Proceedings of the 15th International Congress on Composite Materials*, 2005.

[2] Y. Gélébart, H. Duflo, and J. Duclos, "Air coupled lamb waves evaluation of the long-term thermo-oxidative ageing of carbon-epoxy plates," *NDT&E International*, vol. 40, no. 1, pp. 29–34, 2007.

[3] P. Selva, O. Cherrier, V. Budinger, F. Lachaud, and J. Morlier, "Smart monitoring of aeronautical composites plates based on electromechanical impedance measurements and artificial neural networks," *Engineering Structures*, vol. 56, pp. 794–804, 2013.

[4] V. G. M. Annamdas and C. K. Soh, "Embedded piezoelectric ceramic transducers in sandwiched beams," *Smart Materials and Structures*, vol. 15, no. 2, p. 538, 2006.

[5] I. Perrissin-Fabert and Y. Jayet, "Simulated and experimental study of the electric impedance of a piezoelectric element in a viscoelastic medium," *Ultrasonics*, vol. 32, no. 2, pp. 107–112, 1994.

[6] O. Allix, "A composite damage meso-model for impact problems," *Composites Science and Technology*, vol. 61, pp. 2193–2205, 2001.

[7] H. J. Lim, M. K. Kim, H. Sohn, and C. Y. Park, "Impedance based damage detection under varying temperature and loading conditions," *NDT & E International*, vol. 44 (8), pp. 740–750, 2011.

[8] W. Mason, *Electromechanical transducers and wave filters*. 1948.

[9] N. Saint-Pierre, Y. Jayet, P. Guy, and J. Baboux, "Ultrasonic evaluation of dispersive polymers by the piezoelectric embedded element method: modeling and experimental validation," *Ultrasonics*, vol. 36, no. 6, pp. 783–788, 1998.

[10] Y. Jayet, N. Saint-Pierre, J. Tatibouët, and D. Zellouf, "Monitoring the hydrolytic degradation of composites by a piezoelectric method," *Ultrasonics*, vol. 34, pp. 397–400, 1996.

[11] J. Reddy, "On laminated composite plates with integrated sensors and actuators," *Engineering Structures*, vol. 21 (7), pp. 568–593, 1999.

[12] I. Perrissin-Fabert and Y. Jayet, "Simulated and experimental study of the electric impedance of a piezoelectric element in a viscoelastic medium.," *Ultrasonics*, vol. 32, pp. 107–102, 1994.

[13] V. Giurgiutiu and C. A. Rogers, "Recent advancements in the electro-mechanical (e/m) impedance method for structural health monitoring and nde.," in *SPIE's 5th Annual International Symposium on Smart Structures and Materials*, 1998.

[14] V. Giurgiutiu and A. Zagrai, "Damage detection in thin plates and aerospace structures with the electro-mechanical impedance method," *Structural Health Monitoring*, vol. 4 (2), pp. 99–118, 2005.

[15] H. Song, H. Lim, and H. Sohn, "Electromechanical impedance measurement from large structures using a dual piezoelectric transducer," *Journal of Sound and Vibration*, vol. 322, pp. 6580–6595, 2013.

[16] D. Wang, H. Song, and H. Zhu, "Numerical and experimental studies on damage detection of a concrete beam based on PZT admittances and correlation coefficient," *Construction and Building Materials*, vol. 49, pp. 564–574, 2013.

[17] W. Yan, J. Cai, and W. Che, "An electro-mechanical impedance model of a cracked composite beam with adhesively bonded piezoelectric patches," *Journal of Sound and Vibration*, vol. 330 (2), pp. 287–307, 2011.

[18] P. Maréchal, *Transducteur monoéléments pour l'imagerie ultrasonore haute résolution: Modélisation, réalisation et caractérisation*. Thèse de doctorat, Université de Tours, 2004.

[19] M. Redwood, "Transient performance of a piezoelectric transducer," *Journal of the Acoustical Society of America*, vol. 33 (4), pp. 527–536, 1961.

[20] R. Krimholtz, D. Leeddom, and G. Mattei, "New equivalent circuit for elementary piezoelectric transducers," *Electronic letters*, vol. 6, pp. 398–399, 1970.

[21] D. Royer and E. Dieulesaint, *Ondes élastiques dans les solides. Tome 2*. 1999.

Conclusion générale

Les travaux présentés dans cet ouvrage avaient pour objectif de contribuer à la caractérisation de façon non destructive de l'adhésion de structures sandwichs et à l'évaluation du vieillissement thermique de plaques monolithiques et sandwichs à âme en nid d'abeille au cours du temps. Ces matériaux composites sont nécessaires à l'industrie aéronautique pour laquelle les besoins en END/CND se sont accrus avec la contrainte de réaliser la mesure in situ, i.e. sur la pièce dans son environnement. En effet, le plus souvent la pièce ne peut être démontée pour réaliser son inspection. L'accès aux deux faces de la pièce à caractériser n'est pas aisé et le temps dédié à l'évaluation de la structure doit rester aussi court que possible. Diverses méthodes de caractérisation de ces matériaux par ultrasons ont été testées, notamment l'adhésion des structures sandwichs collées. De plus, le vieillissement thermique de ces derniers a été évalué, tout comme celui des plaques monolithiques.

La première approche pour étudier l'adhésion ou bien le vieillissement était d'utiliser les ondes de Lamb en se référant à des études antérieures. Après avoir revu la théorie sur la propagation de ces ondes dans des structures minces de type plaque, nous nous sommes intéressés à la simulation par éléments finis. En se basant sur des phénomènes réels observables par retour d'expériences sur ces structures, nous avons modélisé des défauts d'adhésion comme les délaminages dans les peaux composites et de décollements des parois du nid d'abeille pouvant se créer au niveau des interfaces. Avec le logiciel éléments finis *Comsol Multiphysics*©, nous avons modélisé ces différents défauts d'adhésion et les traitements des signaux correspondants notamment par transformation de Fourier à fenêtre glissante. Des expériences par propagation d'ondes de Lamb dans des structures réelles au sein desquelles des défauts ont été insérés, ont été menées. La méthode utilisée est la génération par coin solide puis la détection dans l'air au moyen d'un vélocimètre laser. Ces expériences corroborent les résultats préalablement obtenus avec les simulations numériques. Le vieillissement a été aussi étudié par cette méthode et on a noté une chute de la vitesse de phase suivant la durée du vieillissement. Une étude antérieure sur les mêmes plaques monolithiques avait révélé une baisse du module C_{33} et une augmentation du paramètre d'atténuation δ_P avec la durée du vieillissement par propagation d'onde de Lamb avec les transducteurs air-coupling.

Dans un second temps, nous nous sommes tournés sur les ondes de volume pour la caractérisation de l'adhésion des structures sandwichs avec l'utilisation des technologies multiéléments. En effet, les ondes de Lamb donnaient des résultats de localisation seulement suivant l'épaisseur et la longueur. Grâce aux sondes multiéléments, permettant de focaliser à différentes profondeurs, nous avons caractérisé les peaux composites en établissant des mesures de vitesse et d'atténuation par la méthode spectrale. Des cartographies de types B-scan et C-scan permettant de visualiser des défauts en 2D ont été réalisées. Ainsi, des structures avec défauts d'adhésion ont été caractérisées et leur localisation au niveau de l'interface de collage a été déterminée. La simulation de la réponse électroacoustique d'une structure sandwich « saine » par propagation d'ondes de volume en incidence normale pour ensuite en déduire le coefficient de réflexion par la méthode de décomposition par les séries de Debye (DSM) a été réalisée à titre de comparaison. Cette simulation préalablement menée donne des résultats similaires car on a considéré, dans ce cas de figure, la peau composite isotrope.

La dernière approche qui consistait à évaluer le vieillissement thermique a été menée expérimentalement en utilisant la méthode de la mesure de l'impédance électromécanique d'un transducteur en contact. Cette méthode, relativement simple dans sa mise en œuvre, permet d'évaluer le vieillissement d'une structure composite. L'impédance ainsi mesurée, présente en fonction de la fréquence, des oscillations qui correspondent à des fréquences de résonance du système {transducteur + plaque}. Moyennant la connaissance du transducteur, l'analyse des variations de l'impédance en fonction de la fréquence permet de remonter à l'impédance acoustique de la plaque vieillie en contact avec le transducteur. Les paramètres intrinsèques de la plaque tels que la vitesse et l'atténuation longitudinales des ondes en sont déduites et donnent une idée claire sur l'état de vieillissement. Toujours avec la méthode de la mesure d'impédance, nous avons mené une étude comparative sur les fréquences de résonance en définissant deux estimateurs basés sur le module normalisé ainsi que la partie réelle normalisée de l'impédance en fonction de la fréquence. Les différents critères d'évaluations du vieillissement basés sur le calcul de la largeur des pics d'impédance à −3 dB après identification avec une fonction gaussienne ont montré des variations significatives suivant le vieillissement des plaques monolithiques ou des sandwichs composites. La définition de gabarits (seuils) à partir des courbes des estimateurs définis avant des plaques prises comme référence complètent l'étude sur le vieillissement.

En perspective à ces travaux, on peut envisager d'approfondir et développer les analyses concernant les nombreux résultats expérimentaux et les modélisations proposées. Ainsi, sur le plan de la simulation numérique d'évaluer le vieillissement d'une peau collée à un nid d'abeille par propagation d'onde de Lamb toujours en utilisant *Comsol Multiphysics*©. Cependant, il faudra tenir en compte des rapports d'impédances entre le composite et la colle d'une part et entre l'aluminium et la colle d'autre part et en testant les différents modules que propose le logiciel. Concernant l'étude expérimentale du vieillissement par mesure d'impédance électromécanique, le rapprochement avec des essais en tomographie des échantillons s'avèrerait intéressante notamment pour l'estimation de la porosité locale des peaux composites. Des essais avec des ultrasons multiéléments sur les échantillons vieillis permettraient de localiser et de quantifier la porosité mais cela nécessiterait un milieu de couplage (eau) qui risquerait d'entraîner des infiltrations au sein des cellules des nids d'abeille.

ANNEXES

Annexe A   Fréquences de coupure et notation des modes de Lamb pour un composite orthotrope.

A.1 Rappel sur l'équation de Christoffel

En reprenant l'équation du mouvement permettant d'établir la relation de propagation (2.2) établie au chapitre 2 du manuscrit, on peut l'écrire comme suit :

$$\rho \frac{\partial^2 u_i}{\partial t^2} = C_{ijkl} \frac{\partial^2 u_l}{\partial x_j \partial x_k} \quad (A.1).$$

Les solutions du déplacement u_l (équation (2.7)) sont de la forme :

$$u_l(x_1, x_3, t) = U_l e^{j(kx_1 + qx_3 - \omega t)} \quad (A.2).$$

Cette écriture représente une onde plane qui se propage dans le plan sagittal (x_1, x_3), avec la polarisation U_l, la pulsation ω, le nombre d'onde k et la vitesse de phase $V = \omega / k$ et q étant la composante du nombre d'onde suivant x_3.

La substitution de (A.2) dans l'équation du mouvement (A.1) aboutit à l'équation de Christoffel :

$$\begin{cases} (\Gamma_{il} - \rho \omega^2 \delta_{il}) U_l = 0 \\ \Gamma_{il} = C_{i11l} k^2 + (C_{i13l} + C_{i31l}) kq + C_{i33l} q^2 \end{cases} \quad (A.3)$$

La résolution de ce système permet de trouver les vitesses de phase en termes de valeurs propres et comme vecteurs propres, la polarisation des ondes.

A.2 Notation des modes

La notation des ondes de Lamb S_n ou A_n ainsi que des ondes transverses SH_n dépend du nombre de nœuds présents dans le guide d'onde (plaque composite d'épaisseur h). La plaque se comporte donc comme un guide d'onde dans lequel une onde stationnaire existe suivant l'épaisseur. Un état stationnaire de vibration qui varie de manière sinusoïdale entre deux extrémités peut être défini par son nombre de nœuds [1]. Le nœud est l'état où il n'y a plus de déplacement de particules, à l'inverse du ventre où celui-ci est maximal. L'indice n attribué à un mode de Lamb donné correspond au nombre de nœuds qui existe dans la plaque et il peut être calculé à partir des fréquences de coupures (f_c). Lorsque la fréquence tend vers une f_c donnée, le nombre d'onde k tend vers 0. Ainsi dans le cas d'une propagation suivant une direction quelconque de la plaque, le tenseur de Christoffel s'écrit alors :

$$\begin{pmatrix} C_{55} q^2 - \rho \omega^2 & C_{45} q^2 & 0 \\ C_{45} q^2 & C_{44} q^2 - \rho \omega^2 & 0 \\ 0 & 0 & C_{33} q^2 - \rho \omega^2 \end{pmatrix} \begin{pmatrix} U_1 \\ U_2 \\ U_3 \end{pmatrix} = \begin{pmatrix} 0 \\ 0 \\ 0 \end{pmatrix} \quad (A.4)$$

Ce qui permet de calculer f_c et la polarisation du mode en question. Une des composantes du déplacement s'annule à la fréquence $f = f_c$. Comme on peut exprimer le déplacement en fonction de $\cos(qx_3)$ ou $\sin(qx_3)$, on cherche alors des solutions en $qd = m\pi$ ou en $qd = (m + 1/2)\pi$. On peut donc établir les expressions des fréquences de coupure des modes symétriques et antisymétriques par les relations ci-dessous :

➢ Modes symétriques :

✥ n pair :
$$\begin{cases} f_c h = \sqrt{\dfrac{(C_{55} + C_{44}) + \sqrt{(C_{55} - C_{44})^2 + 4C_{45}^2}}{2\rho}} \times \dfrac{n}{2} \\ f_c h = \sqrt{\dfrac{(C_{55} + C_{44}) - \sqrt{(C_{55} - C_{44})^2 + 4C_{45}^2}}{2\rho}} \times \dfrac{n}{2} \end{cases} \quad (A.5)$$

✥ n impair :
$$f_c h = \sqrt{\dfrac{C_{33}}{\rho}} \times \dfrac{n}{2} \quad (A.6)$$

➢ Modes antisymétriques :

✥ n pair :
$$f_c h = \sqrt{\dfrac{C_{33}}{\rho}} \times \dfrac{n}{2} \quad (A.7)$$

✥ n impair :
$$\begin{cases} f_c h = \sqrt{\dfrac{(C_{55} + C_{44}) + \sqrt{(C_{55} - C_{44})^2 + 4C_{45}^2}}{2\rho}} \times \dfrac{n}{2} \\ f_c h = \sqrt{\dfrac{(C_{55} + C_{44}) - \sqrt{(C_{55} - C_{44})^2 + 4C_{45}^2}}{2\rho}} \times \dfrac{n}{2} \end{cases} \quad (A.8)$$

On obtient ainsi deux fréquences de coupures f_c pour le mode symétrique avec n pair, et deux autres solutions pour le mode antisymétrique avec n impair. On introduit pour les modes symétriques, la notation S_n pour n impair (onde transverse polarisée suivant x_3), S_n et S'_n pour n pair (ondes quasi-longitudinale et quasi-transversale polarisées dans le plan x_1x_2). Pour les modes antisymétriques, la notation A_n pour n pair (onde transverse polarisée suivant x_3), A_n et A'_n pour n impair (ondes quasi-longitudinale et quasi-transversale polarisées dans le plan x_1x_2) est aussi utilisée.

Dans le cas particulier d'une propagation suivant un axe de symétrie, le tenseur de Christoffel devient diagonal et la polarisation de l'onde de Lamb est alors : soit transversale (polarisée suivant x_3) ou soit longitudinale (polarisée suivant x_1). Les fréquences de coupures f_c des modes de Lamb pour une propagation suivant l'axe de symétrie sont données par les relations :

➤ Modes symétriques :

✎ n pair : $f_c h = \sqrt{\dfrac{C_{55}}{\rho}} \times \dfrac{n}{2}$ $n = 2, 4, 6, \ldots$ (A.9)

✎ n impair : $f_c h = \sqrt{\dfrac{C_{33}}{\rho}} \times \dfrac{n}{2}$ $n = 1, 3, 5, \ldots$ (A.10)

➤ Modes antisymétriques :

✎ n pair : $f_c h = \sqrt{\dfrac{C_{33}}{\rho}} \times \dfrac{n}{2}$ $n = 2, 4, 6, \ldots$ (A.11)

✎ n impair : $f_c h = \sqrt{\dfrac{C_{55}}{\rho}} \times \dfrac{n}{2}$ $n = 1, 3, 5, \ldots$ (A.12)

A la fréquence de coupure f_c donnée, l'onde est longitudinale (polarisée suivant x_1) pour un indice n pair d'un mode symétrique et n impair d'un mode antisymétrique, et elle est transversale (polarisée suivant x_3) pour n impair du mode symétrique et n pair du mode antisymétrique. Les fréquences de coupure f_c des ondes transverses horizontales (polarisées suivant x_2) sont données par la relation :

$$f_c h = \sqrt{\dfrac{C_{44}}{\rho}} \times \dfrac{n}{2} \qquad (A.13)$$

Avec des modes symétriques pour $n = 2, 4, 6, \ldots$

Et des modes antisymétriques pour $n = 1, 3, 5, \ldots$

A.3 Références

[1]   C. Simon, *Propagation des ondes de Lamb dans un matériau composite stratifié. Application à la détection de délaminages*. Thèse de doctorat, Université Paris 7, 1997.

Annexe B Modélisation de la propagation d'une onde de Lamb harmonique à l'aide du losange de Fourier

Cette annexe reprend les travaux de thèse de Loïc Martinez [1] et de Yannick Eudeline [2] menés au sein du LOMC pour la modélisation d'une onde de surface et pour le traitement numérique des signaux issus de la diffusion acoustique par des cibles limitées. En effet, ces deux thèses citent en référence G. Bonnet [3, 4] qui a défini le losange de Fourier pour une onde qui se propage dans un milieu monodimensionnel.

B.1 Losange de Fourier

On définit le losange de Fourier comme le lien entre les quatre espaces de représentation d'une onde de Lamb se propageant dans un milieu monodimensionnel.

On peut récapituler les quatre espaces de représentation possibles d'une onde en utilisant le losange de Fourier dont les quatre sommets sont les quatre représentations possibles se rapportant à un même signal :

- Représentation spatio-temporelle $s(x, t)$
- Représentation spatio-fréquentielle $S(x, \omega)$ où $\omega = 2\pi f$ est la pulsation temporelle
- Représentation vecteur d'onde-temps $\aleph(k, t)$
- Représentation tout-fréquence $\psi(k, \omega)$ avec k la pulsation spatiale.

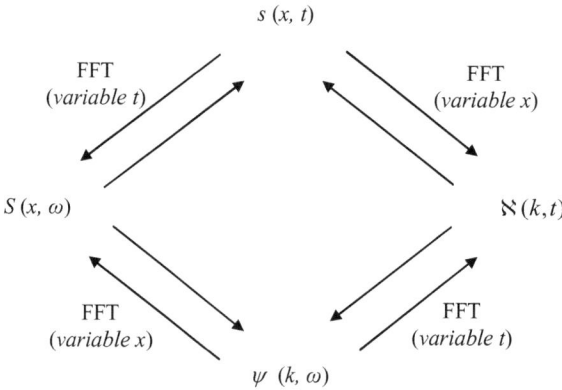

Figure B.1 : Schématisation du losange de Fourier.

On passe d'un sommet à un sommet adjacent du losange par transformée de Fourier (FFT) directe (ou inverse). Les FFT spatiale ou temporelle utilisées sont définies de la façon suivante :

Annexe B   Modélisation de la propagation d'une onde dispersive atténuée à l'aide du losange de Fourier.

- FFT temporelle directe :

$$S(x=cte,\omega) = \int_{-\infty}^{+\infty} s(x=cte,t)e^{j\omega t}dt$$
$$\psi(k=cte,\omega) = \int_{-\infty}^{+\infty} \aleph(k=cte,t)e^{j\omega t}dt$$
(B.1)

- FFT temporelle inverse :

$$s(x=cte,t) = \frac{1}{2\pi}\int_{-\infty}^{+\infty} S(x=cte,\omega)e^{-j\omega t}d\omega$$
$$\aleph(k=cte,t) = \frac{1}{2\pi}\int_{-\infty}^{+\infty} \psi(k=cte,\omega)e^{-j\omega t}d\omega$$
(B.2)

- FFT spatiale directe :

$$\psi(k=cte,\omega) = \int_{-\infty}^{+\infty} S(x,\omega=cte)e^{-jkx}dx$$
$$\aleph(k,t=cte) = \int_{-\infty}^{+\infty} s(x,t=cte)e^{-jkx}dx$$
(B.3)

- FFT spatiale inverse :

$$S(x,\omega=cte) = \frac{1}{2\pi}\int_{-\infty}^{+\infty} \psi(k,\omega=cte)e^{jkx}dk$$
$$s(x,t=cte) = \frac{1}{2\pi}\int_{-\infty}^{+\infty} \aleph(k,t=cte)e^{jkx}dk$$
(B.4)

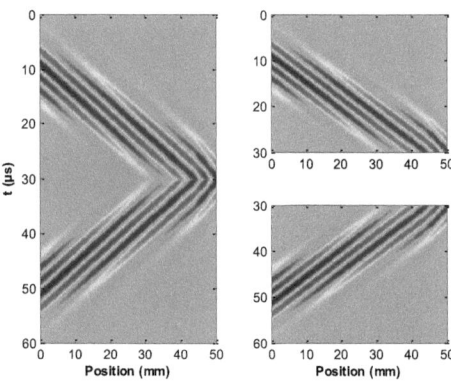

Figure B.2 : Représentation spatio-temporelle $s(x, t)$ du mode de Lamb A_0 quasi harmonique (f = 200 kHz) avec les parties incidente et réfléchie.

La Figure B.2 ci-dessus représente la propagation du mode de Lamb A_0 générée à $f = 200$ kHz dans une plaque composite d'épaisseur 1,6 mm et de longueur $x = 50$ mm sous *Comsol Multiphysics*©. On appelle $s(x, t)$ cette onde qui se dans la plaque et est réfléchie à partir de $t = 30$ μs. À l'aide du losange de Fourier, nous allons montrer l'existence de cette onde à travers les différentes représentations définies précédemment.

B.2 Représentation spatio-fréquentielle

On choisit de modéliser la propagation des ondes acoustiques un sens arbitraire positif à partir d'un point de l'espace et du temps. Ceci est tout à fait réaliste pour les ondes ultrasonores.

La propagation de l'onde $s(x, t)$ suivant la direction des $x > 0$ et si elle est atténuée au cours de sa propagation est caractérisée par un vecteur d'onde complexe :

$$\vec{K} = \vec{K'} + j\vec{K''} \tag{B.5}$$

Avec K' et K'' des scalaires fonctions de la pulsation ω si l'onde est dispersive. Au cours de sa propagation à une nouvelle position x positive donnée, le contenu spectral évolue alors de la façon suivante :

$$\begin{cases} S(x, \omega = cte) = u(x)H(x = 0, \omega)e^{jKx} \\ S(x, \omega = cte) = u(x)H(x = 0, \omega)e^{-K''x}e^{jK'x} \end{cases} \tag{B.6}$$

si $H(x = 0, \omega)$ est le spectre fréquentiel à l'origine $x = 0$ et si $u(x)$ est l'échelon unitaire.

Supposons maintenant que l'on dispose de l'histoire spatio-fréquentielle de l'onde pour un ensemble de positions x successives. Pour une pulsation $\omega = cte$, on voit que l'amplitude spectrale complexe $S(x, \omega = cte)$ est une exponentielle complexe amortie d'amortissement K'' et de pseudo-période la longueur d'onde $\lambda = 2\pi / K'$.

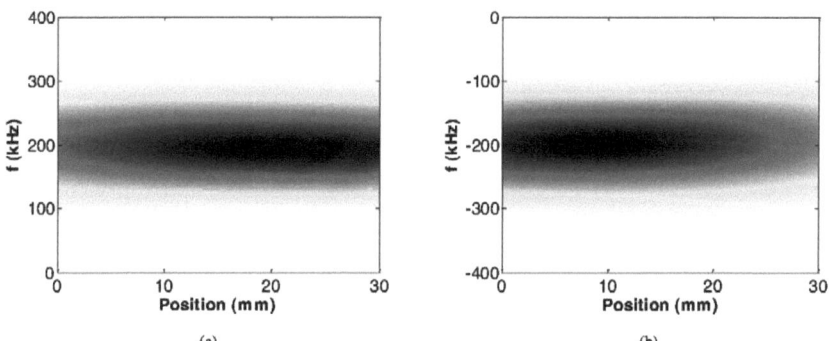

Figure B.3 : Représentation spatio-fréquentielle $S(x, \omega)$ du mode A_0 à $f = 200$ kHz. (a) incidence (b) réflexion.

B.3 Représentation nombre d'onde temps

La représentation tout-fréquence est la transformée de Fourier en deux dimensions du signal spatio-temporel $s(x, t)$. On peut y parvenir soit, directement, par transformée de Fourier en deux dimensions, soit par le chemin que nous avons suivi, (transformée de Fourier temporelle puis

Annexe B   Modélisation de la propagation d'une onde dispersive atténuée à l'aide du losange de Fourier.

spatiale). On peut aussi y parvenir par un quatrième espace dual de (x, ω), en faisant d'abord une transformée de Fourier spatiale de $s(x, t = \text{cte})$, on a ainsi une représentation fréquence spatiale-temps de l'onde $\aleph(k,t)$. On accède ensuite à la représentation tout fréquence par une transformée de Fourier temporelle de $\aleph(k,t)$.

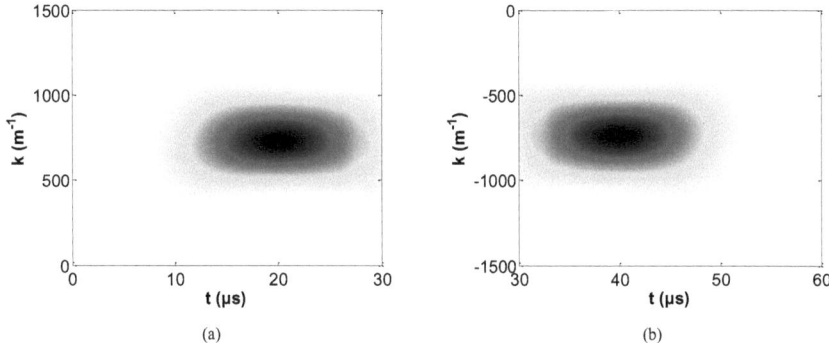

Figure B.4 : Représentation nombre d'onde-temps $\aleph(k, t)$. (a) incidence et (b) réflexion.

B.4 Représentation tout fréquence

Connaissant $S(x, \omega)$, pour chaque pulsation $\omega = cte$, on calcul la FFT spatiale de $S(x, \omega = cte)$. On obtient alors une représentation tout fréquence de l'onde : $\psi(k,\omega)$. Dans ce troisième espace de représentation possible de l'onde, la variable duale de x est une fréquence spatiale que l'on note χ (nombre d'onde s'exprimant en m^{-1}). Elle est reliée à la pulsation spatiale k qui a la dimension d'un vecteur d'onde par la relation $k = 2\pi\chi$ et à la période spatiale λ (longueur d'onde) par $k = 2\pi / \lambda$.

On peut aller plus loin dans l'analyse dans l'analyse du problème car, en effet la FFT d'une fonction exponentielle décroissante possède des propriétés intéressantes. La représentation tout fréquence d'une onde atténuée se définit par la FFT spatiale de S.

$$S(x,\omega) = u(x)H(0,\omega)e^{+jKx} \xrightarrow{\text{FFT spatiale}} \psi(k,\omega) = \frac{H(0,\omega)}{j(k-K)} \qquad (B.7)$$

En remplaçant K par son expression complexe (B.5),

$$\psi(k,\omega) = \frac{H(x=0,\omega)}{K''+ j(k-K')} \qquad (B.8)$$

Le module de cette expression est alors :

$$|\psi(k,\omega)| = |H(x=0,\omega)|\frac{1}{\left((K'')^2 + (k-K')^2\right)^{1/2}} \qquad (B.9)$$

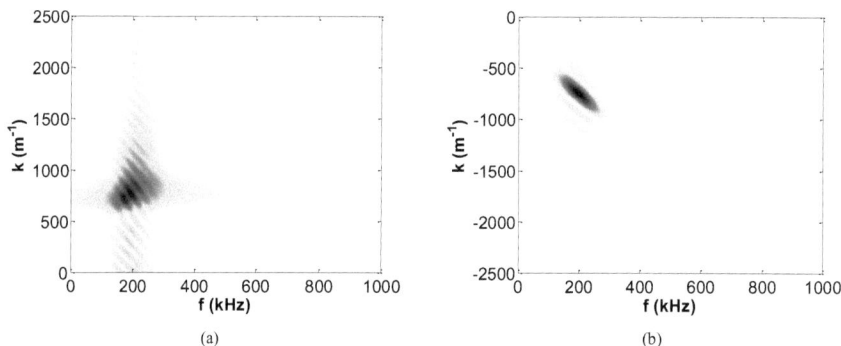

Figure B.5 : Représentation tout fréquence ψ (k, ω) du mode de Lamb A_0. Le carré du module est représenté en fonction des fréquences spatiales et temporelles. (a) incidence et (b) réflexion.

Pour une onde se propageant selon les x négatifs, sa représentation tout fréquence est donnée par la relation :

$$S(x,\omega) = u(-x)H(0,\omega)e^{-jKx} \xrightarrow{FFT\ spatiale} \psi(k,\omega) = -\frac{H(0,\omega)}{j(k+K)} \qquad (B.10)$$

Le module de ψ est alors maximal pour chaque pulsation spatiale négative $\kappa = K$'. Les ondes se propageant dans le sens négatif sont ainsi naturellement séparées dans la représentation tout fréquence.

B.5 Résumé

Le losange de Fourier appliqué à la propagation du mode de Lamb A_0 incident est schématisé à la Figure B.6 ci-dessous.

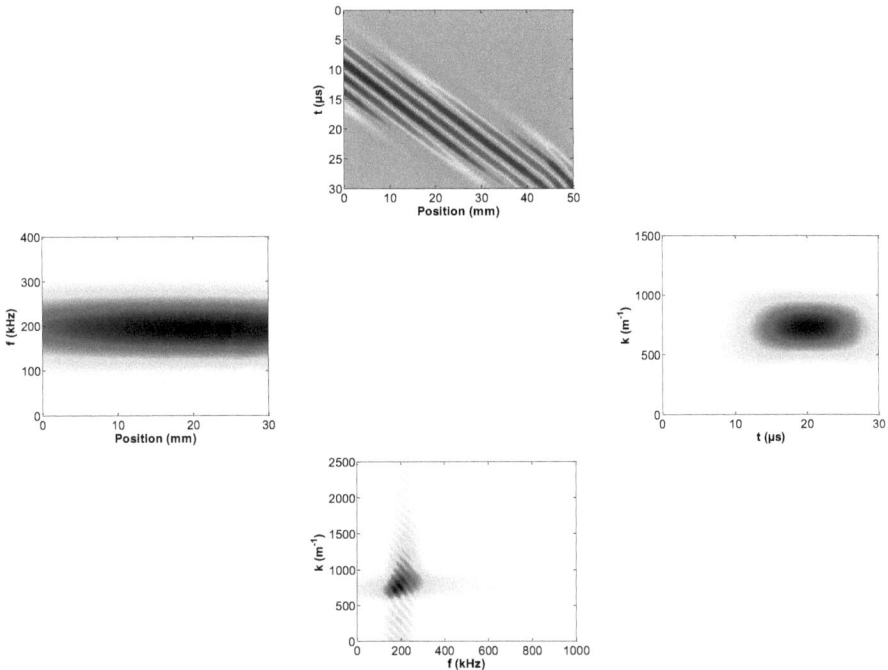

Figure B.6 : Losange de Fourier appliqué à la propagation du mode de Lamb A_0 à f = 200 kHz.

B.6 Références

[1]   L. Martinez, *Nouvelles méthodes d'identification d'ondes de surface. Étude de l'onde A sur une courbe*. Thèse de doctorat, Université du Havre, 1998.

[2]   Y. Eudeline, *Diffusion acoustique par des cibles limitées. Traitement numérique des signaux*. Thèse de doctorat, 1998.

[3]   G. Bonnet, *Au-delà d'une vitesse de groupe : vitesse d'onde et vitesse de signal. Première partie : l'opérateur vitesse de groupe en l'absence d'affaiblissement*, Ann. Télécommun., 38 n°9–10, pp. 1–22, 1983.

[4]   G. Bonnet, *Au-delà d'une vitesse de groupe : vitesse d'onde et vitesse de signal. Première partie : déformation de l'amplitude et influence de l'affaiblissement*, Ann. Télécommun., 38 n°11–12, pp. 1–17, 1983.

Annexe C   Impédance EM des plaques monolithiques F
C.1 Détermination des valeurs des critères

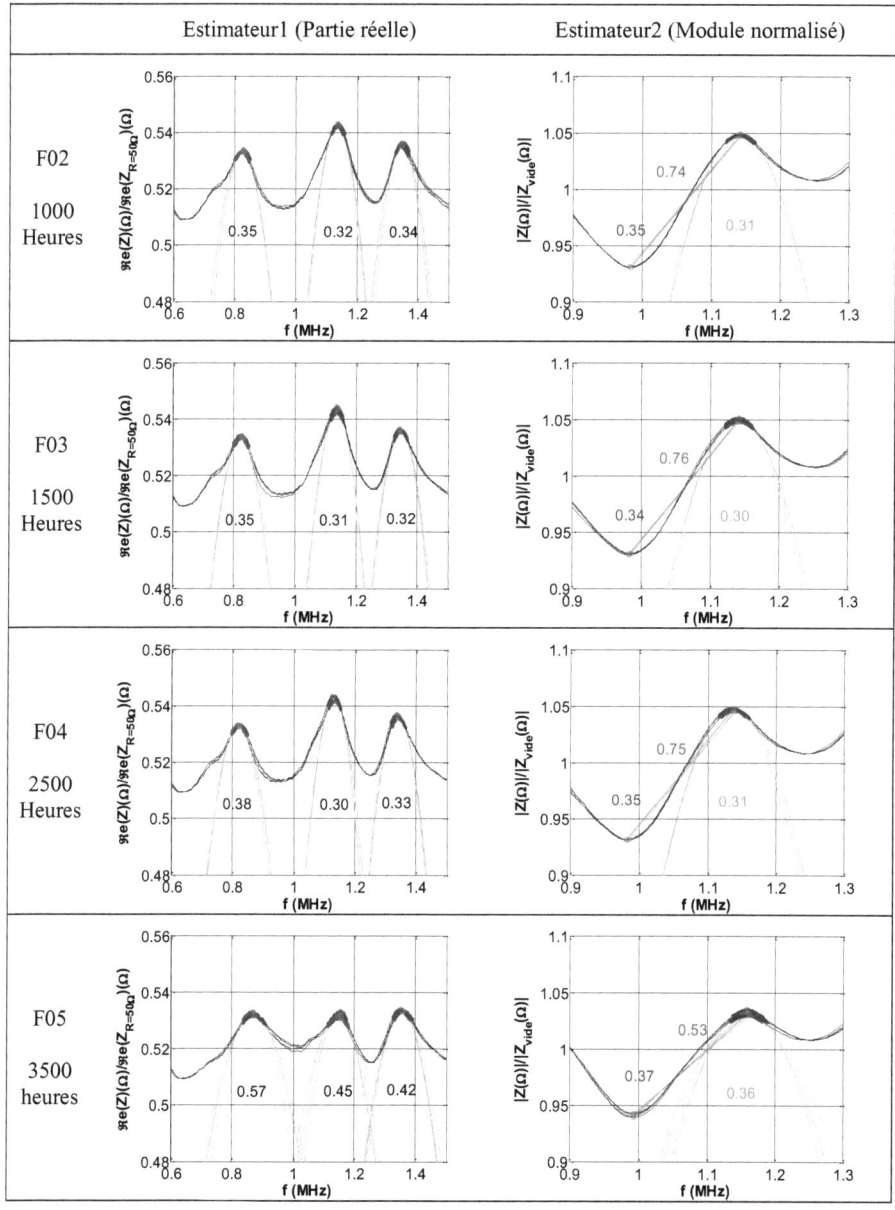

Annexe C   Impédance électromécanique des plaques monolithiques F.

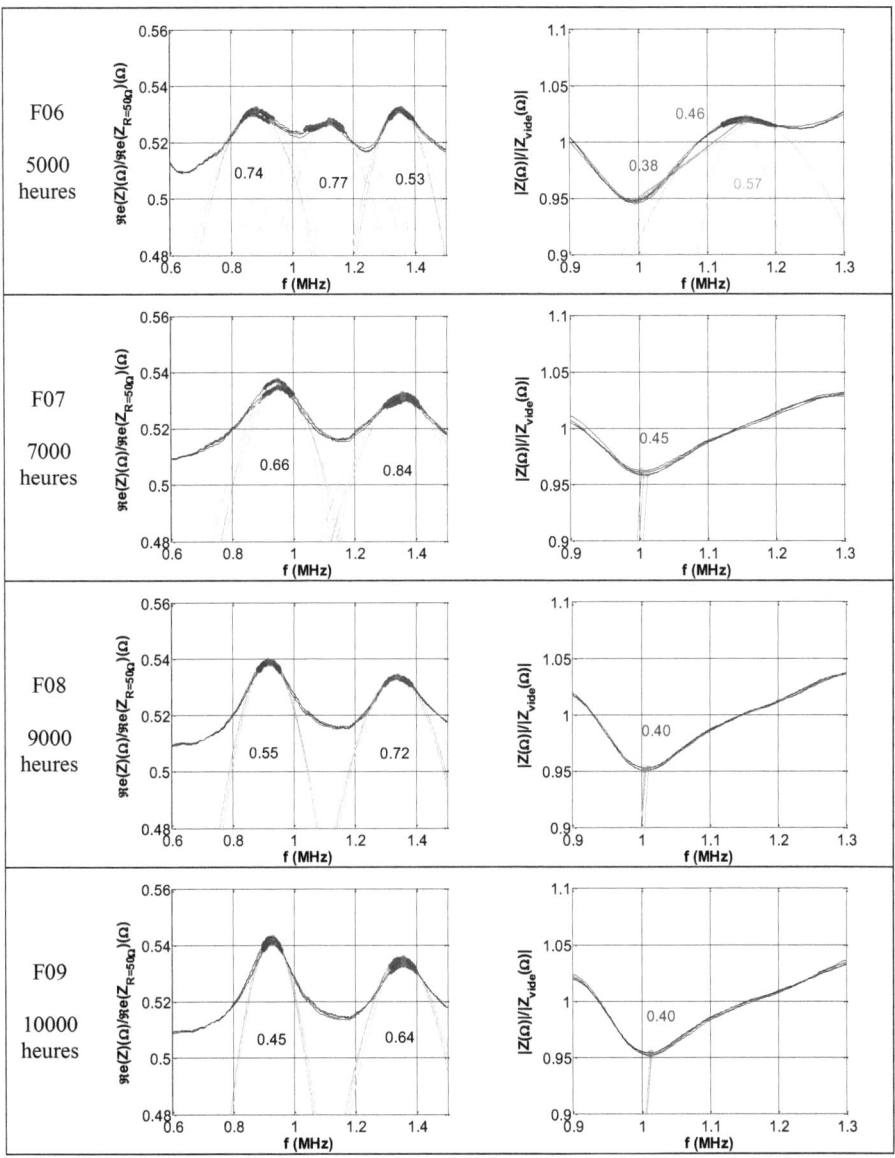

Figure C.1 : Plaques monolithiques vieillies F.

C.2 Gabarit, pourcentage de points expérimentaux (PPE)

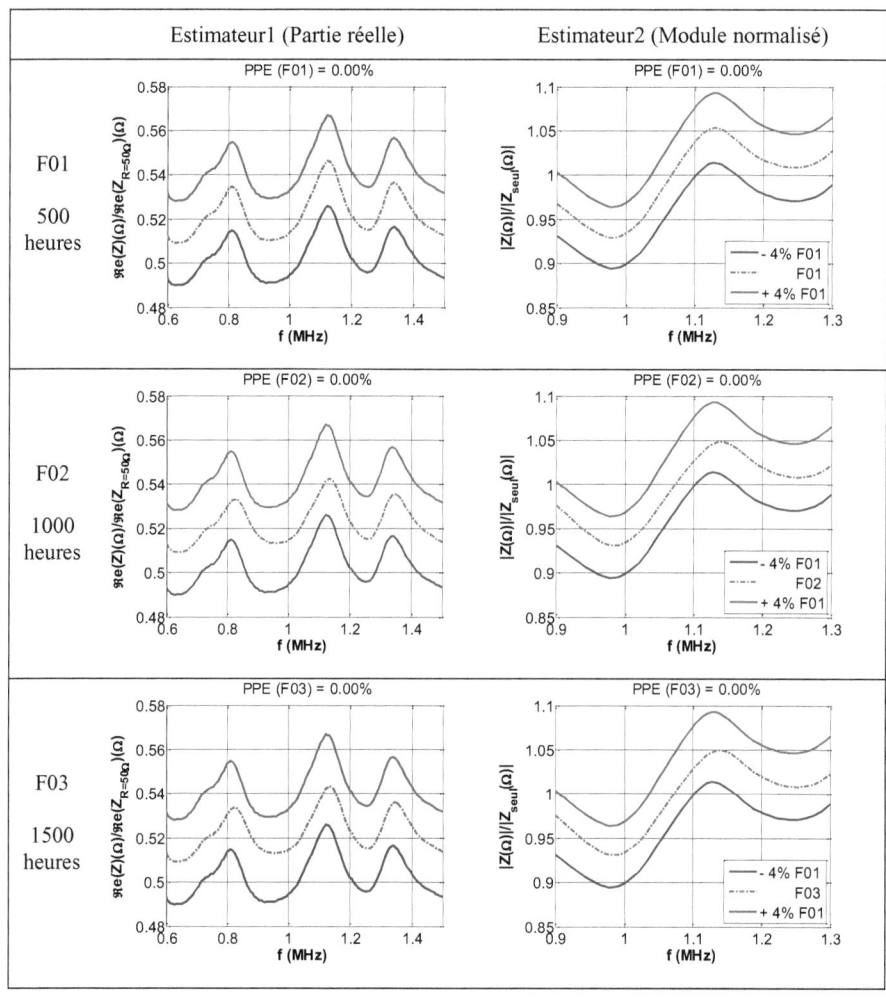

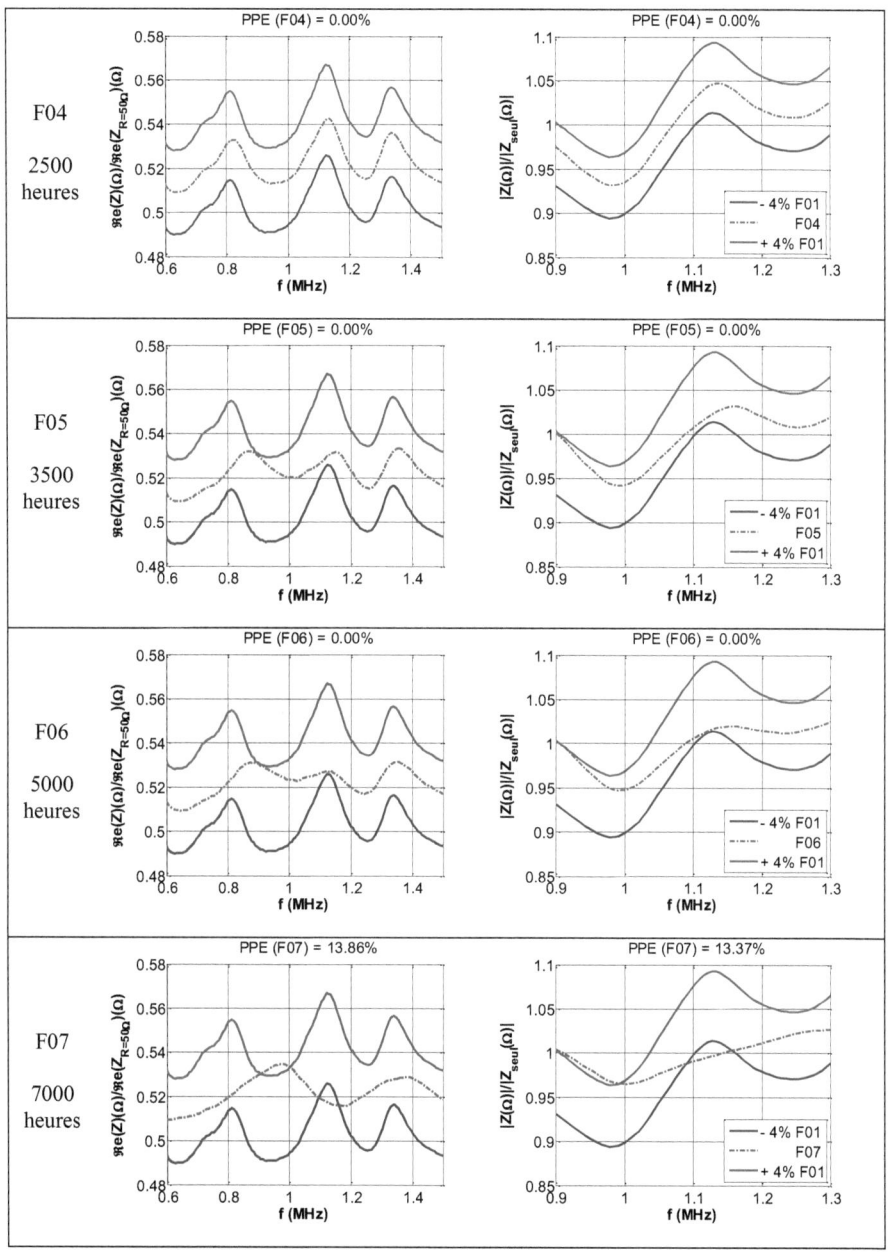

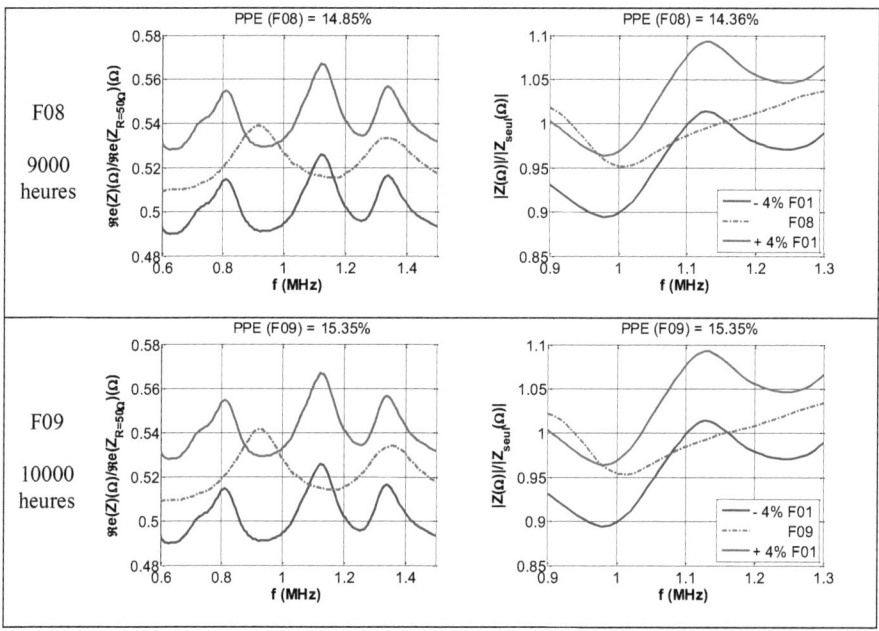

Figure C.2 : Gabarit pour les plaques F.

Annexe D Impédances EM des plaques sandwichs HS

D.1 Détermination des valeurs des critères

<table>
<tr><th>170°C</th><th>Estimateur1 (Partie réelle)</th><th>Estimateur2 (Module normalisé)</th></tr>
<tr><td>HS06

192 heures</td><td>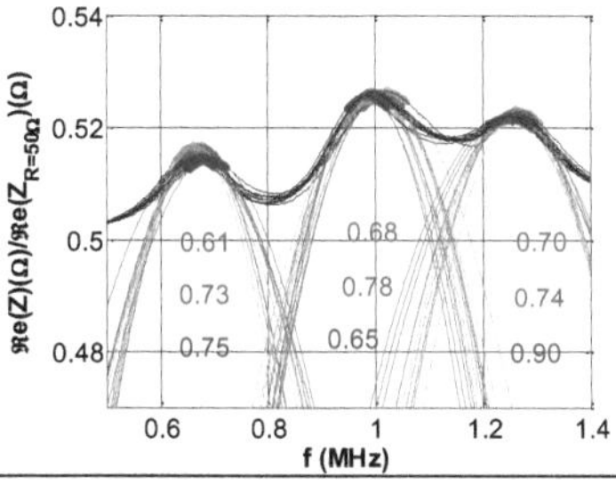
</td><td>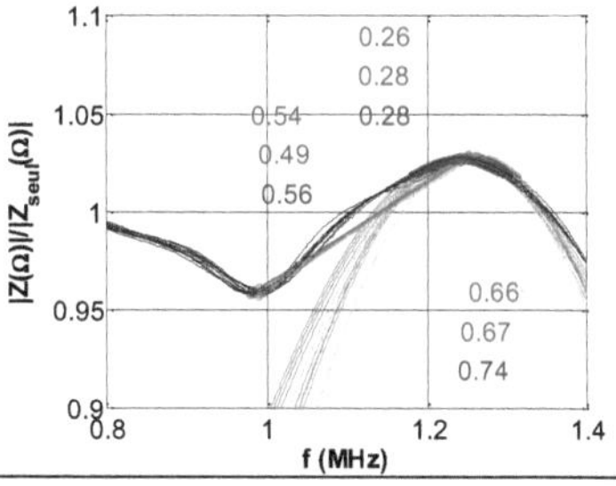
</td></tr>
<tr><td>HS07

720 heures</td><td>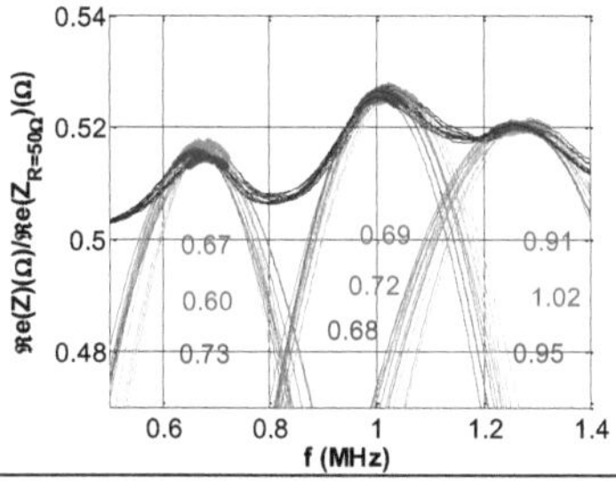
</td><td>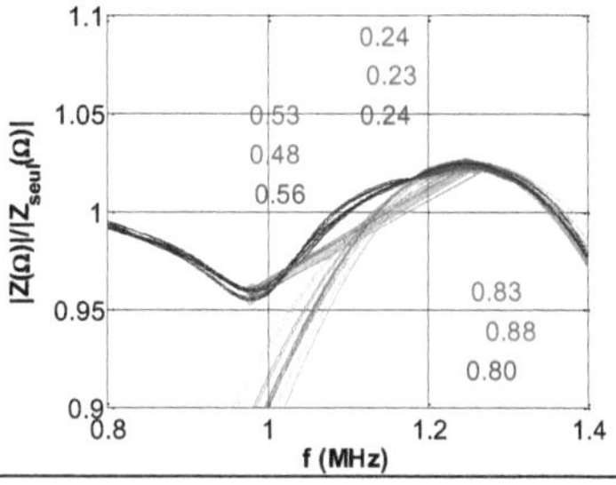
</td></tr>
<tr><td>HS08

3600 heures</td><td>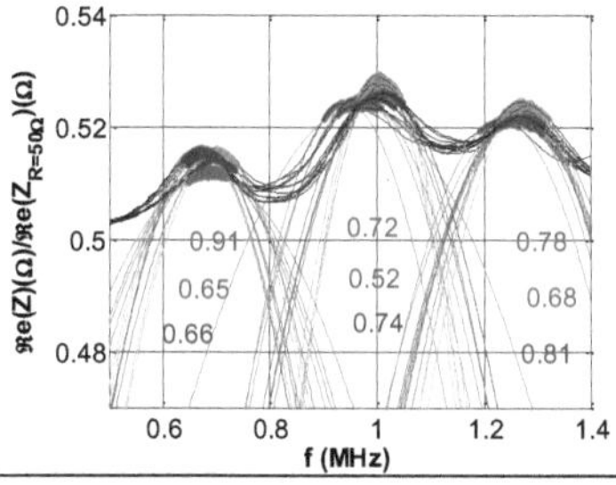
</td><td>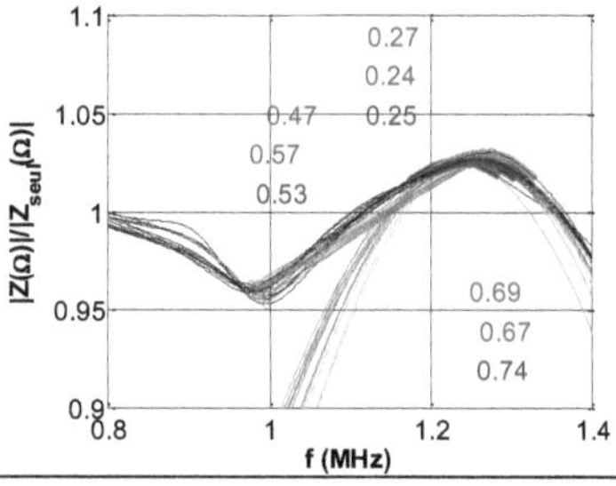
</td></tr>
<tr><td>HS09

7900 heures</td><td>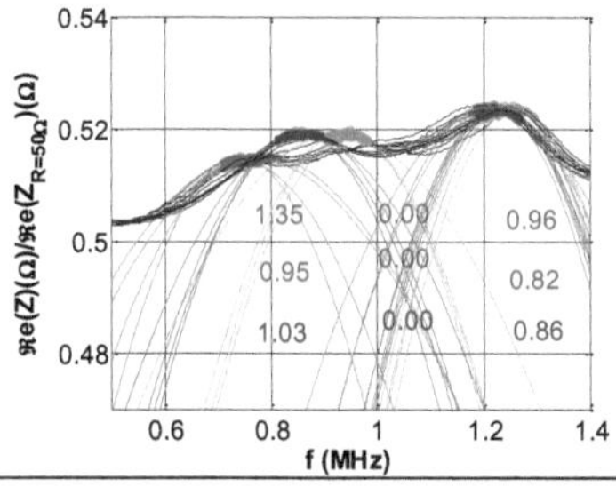
</td><td>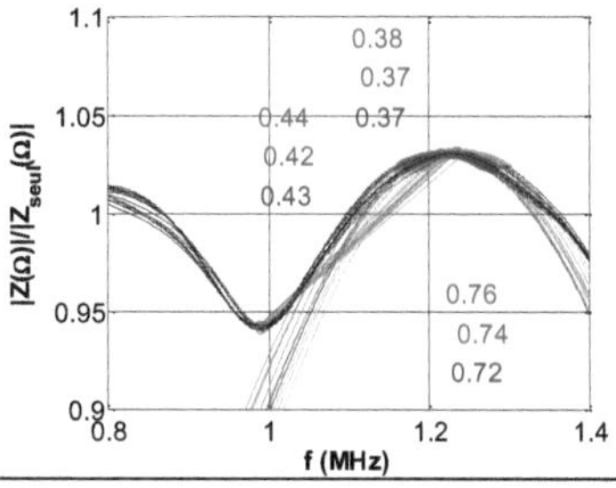
</td></tr>
</table>

Figure D.1 : Critères sur les plaques sandwichs HS vieillies à $T = 170°C$.

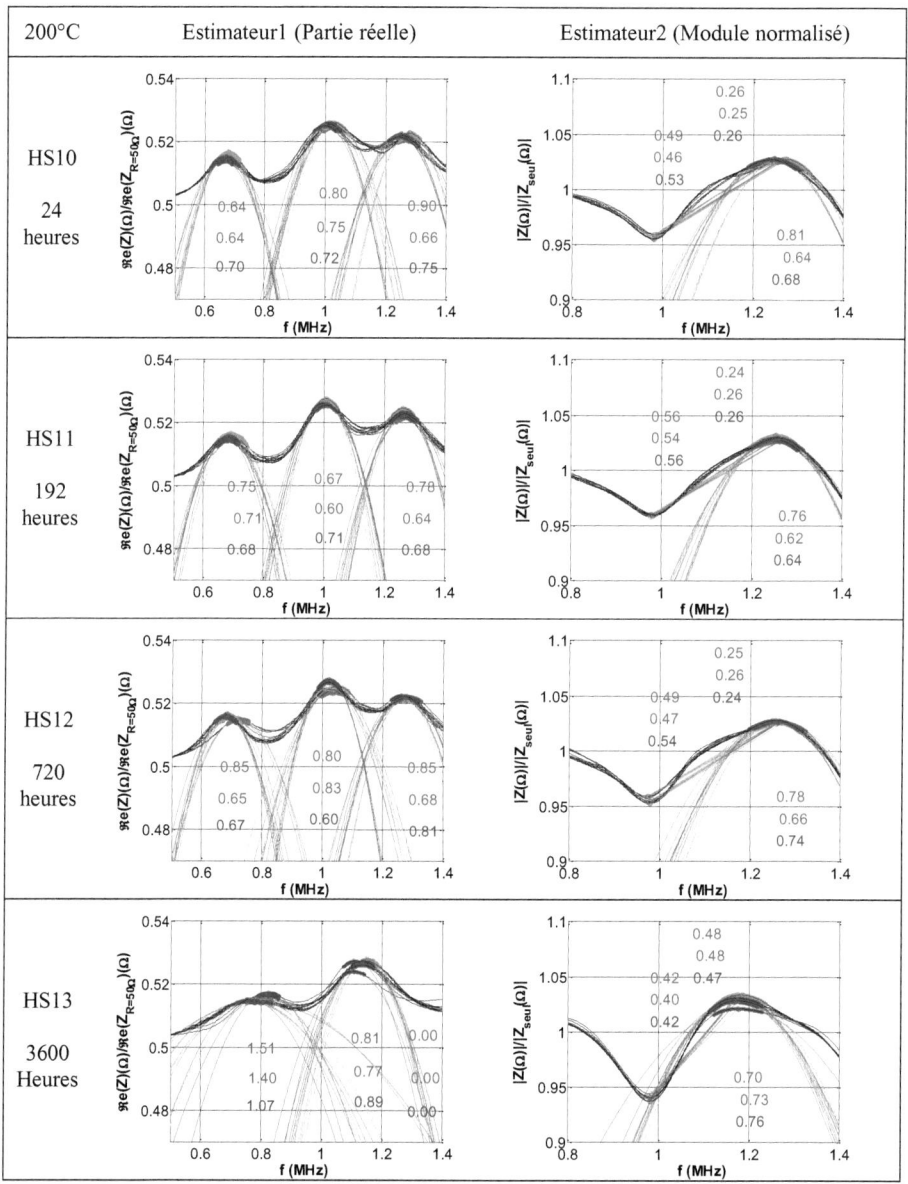

Figure D.2 : Critères sur les plaques sandwichs HS vieillies à $T = 170°C$.

D.2 Gabarit, pourcentage de points expérimentaux (PPE)

D.2.1 Mesures au point A

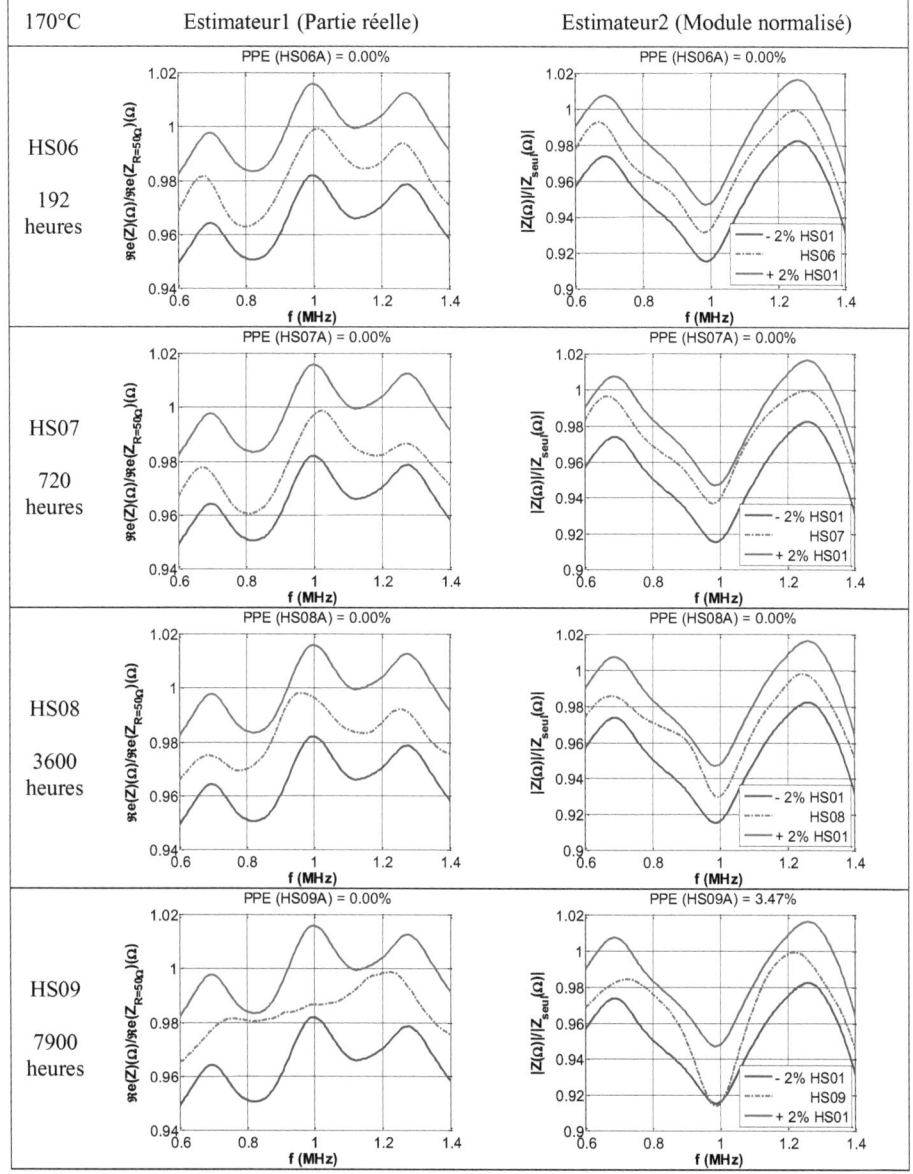

Figure D.3 : Mesures au point A à $T = 170°C$.

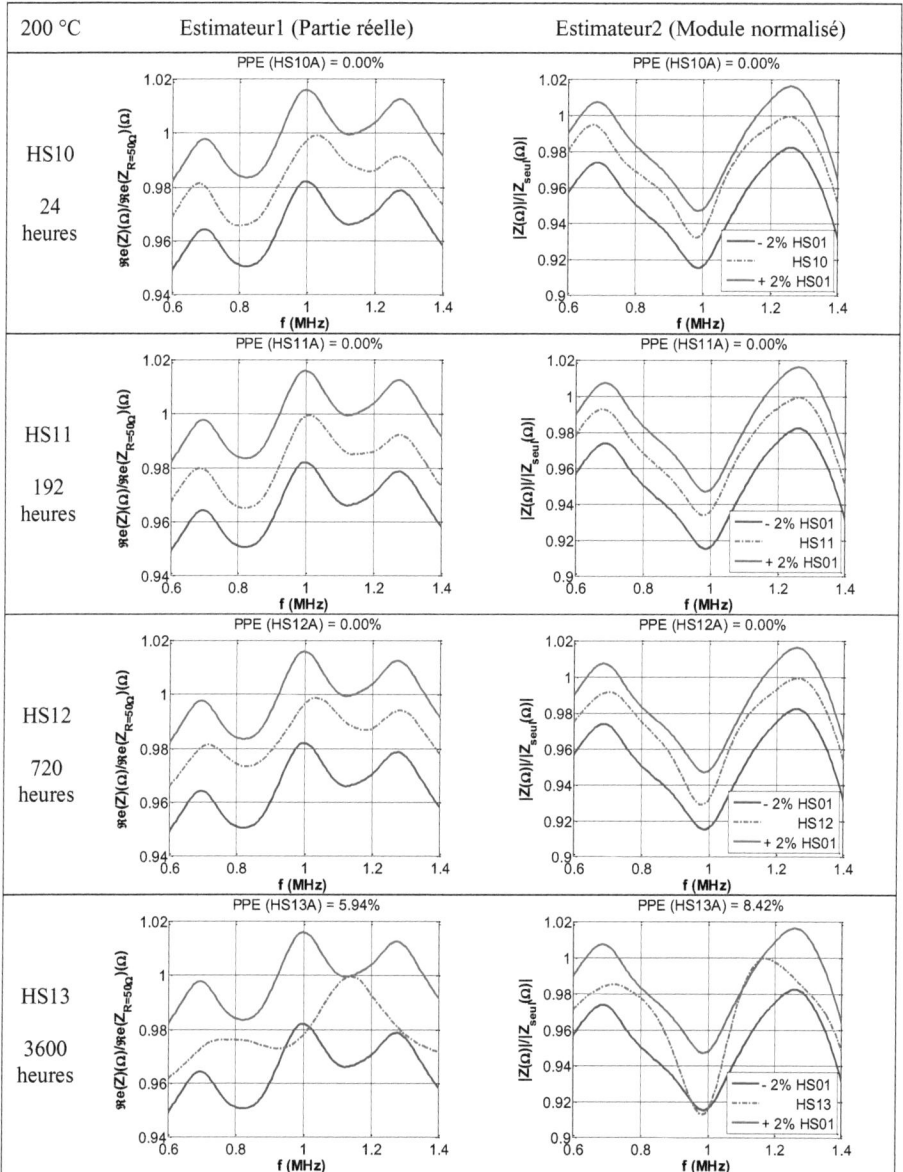

Figure D.4 : Mesures au point A à $T = 200°C$.

D.2.2 Mesures au point B

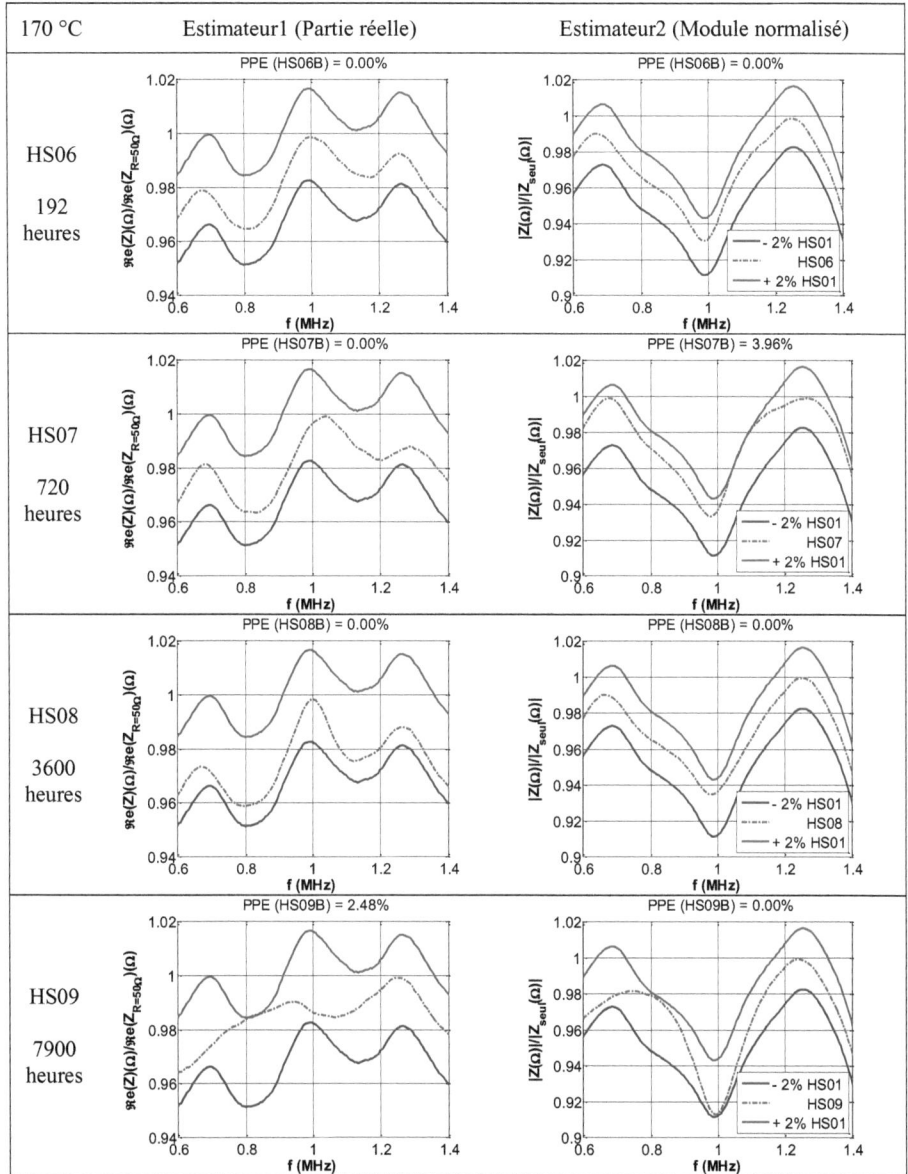

Figure D.5 : Mesures au point B à $T = 170°C$.

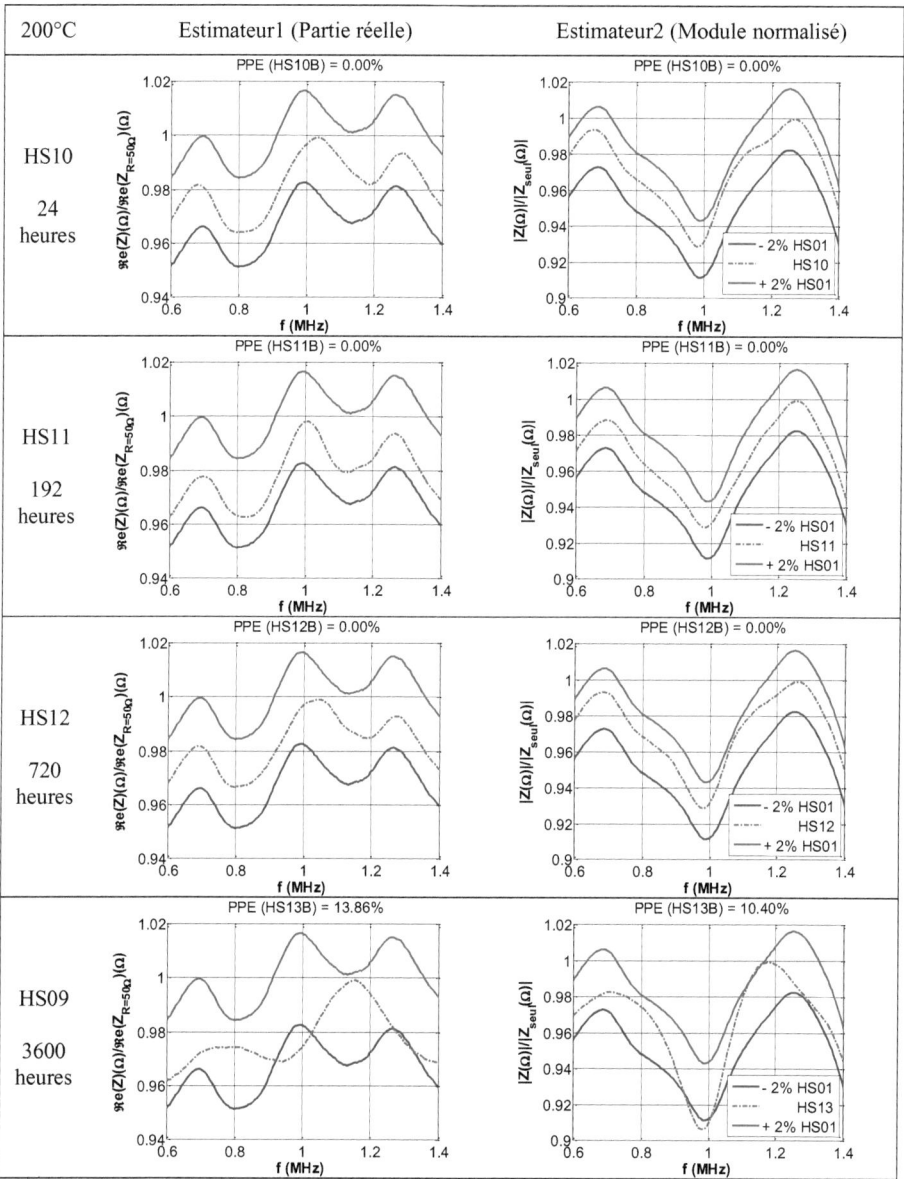

Figure D.6 : Mesures au point B à $T = 200°C$.

D.2.3 Mesures au point C

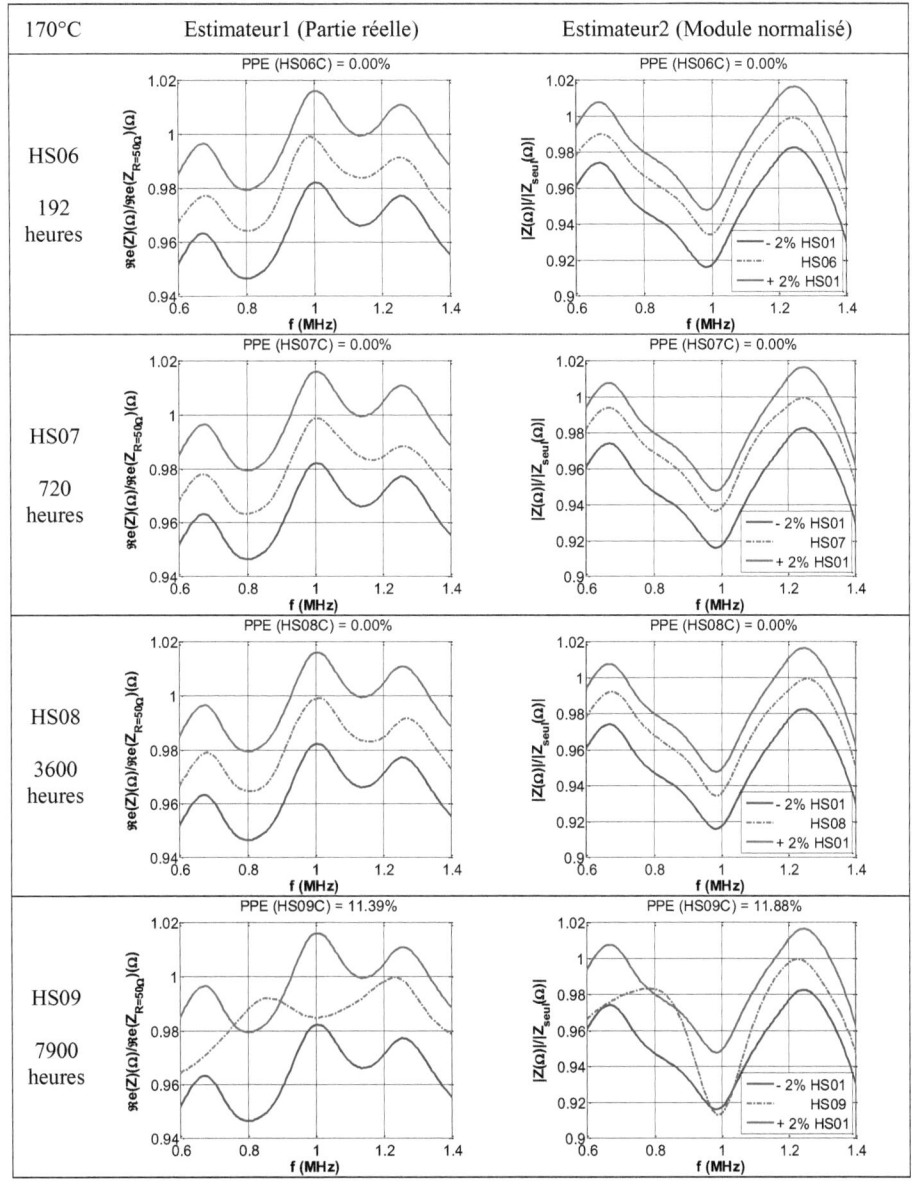

Figure D.7 : Mesures au point C à $T = 170°C$.

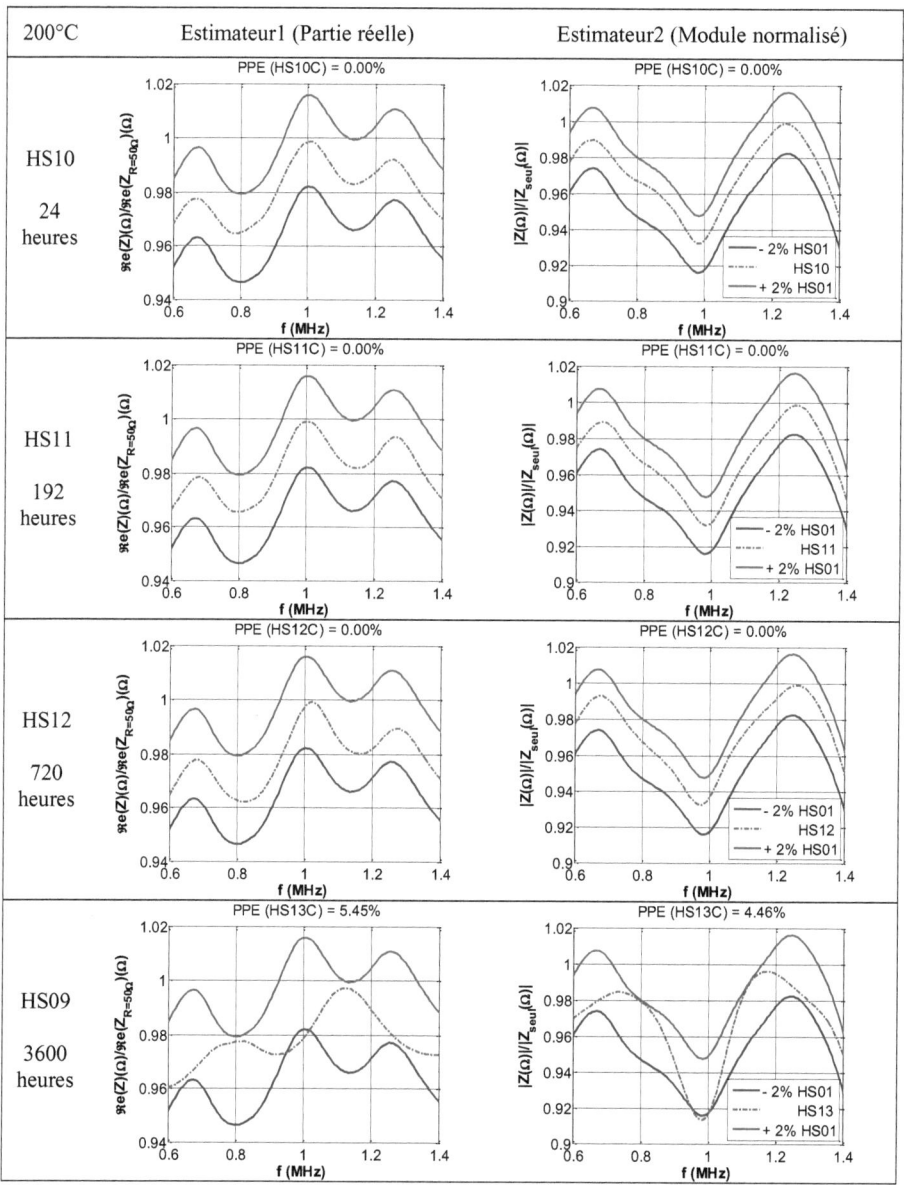

Figure D.8 : Mesures au point C à $T = 200°C$.

i want morebooks!

Buy your books fast and straightforward online - at one of the world's fastest growing online book stores! Environmentally sound due to Print-on-Demand technologies.

Buy your books online at
www.get-morebooks.com

Achetez vos livres en ligne, vite et bien, sur l'une des librairies en ligne les plus performantes au monde!
En protégeant nos ressources et notre environnement grâce à l'impression à la demande.

La librairie en ligne pour acheter plus vite
www.morebooks.fr

OmniScriptum Marketing DEU GmbH
Heinrich-Böcking-Str. 6-8
D - 66121 Saarbrücken
Telefax: +49 681 93 81 567-9

info@omniscriptum.de
www.omniscriptum.de

Printed by Books on Demand GmbH, Norderstedt / Germany